PUHUA BOOKS

我们一起解决问题

Psych Experiments

From Pavlov's dogs to Rorschach's inkblots, put psychology's most fascinating theories to the test

了解人类行为
的50个心理学实验

从巴甫洛夫的狗
到罗夏墨迹测验

［美］迈克尔·A.布里特（Michael A. Britt）◎著

曹平平◎译

人 民 邮 电 出 版 社

北 京

图书在版编目（CIP）数据

了解人类行为的50个心理学实验 ： 从巴甫洛夫的狗到罗夏墨迹测验 / （美）迈克尔·A.布里特 (Michael A.Britt) 著 ; 曹平平译. -- 北京 ：人民邮电出版社, 2020.4（2023.12重印）
ISBN 978-7-115-53489-7

Ⅰ. ①了… Ⅱ. ①迈… ②曹… Ⅲ. ①实验心理学
Ⅳ. ①B841.4

中国版本图书馆CIP数据核字(2020)第033244号

内 容 提 要

作为一本回顾心理学发展进程中重要研究成果和里程碑的专业学术之作，本书所列举的著名心理学实验都曾经颠覆了我们对人类行为的认知。

在本书中，作者详细介绍了巴甫洛夫的狗、斯金纳箱、罗夏墨迹测验、费斯汀格的认知失调研究、米尔格拉姆的权力服从研究，以及津巴多的监狱实验等50个改变了心理学研究的经典实验，并且作者还设计了专门的板块帮助读者去测试自己感兴趣的人类行为，任何人都可以运用本书中的具体步骤去做心理学实验！阅读本书后，你将发现心理学实验无处不在，它们在广告中、在餐厅里、在课堂上，甚至在你的智能手机里！你完全可以在家里随时策划自己的心理学实验！

如果你想全面了解经典、有趣的心理学实验，并进一步学会将这些实验应用到日常生活中，那么本书将是你的不二之选！

- ◆ 著 ［美］迈克尔·A.布里特（Michael A. Britt）
　　 译 曹平平
　　 责任编辑 曹延延
　　 责任印制 彭志环
- ◆ 人民邮电出版社出版发行　　　　　北京市丰台区成寿寺路 11 号
　　 邮编 100164　电子邮件 315@ptpress.com.cn
　　 网址 http://www.ptpress.com.cn
　　 北京虎彩文化传播有限公司印刷
- ◆ 开本：700×1000　1/16
　　 印张：16　　　　　　　　　　　　 2020 年 4 月第 1 版
　　 字数：300 千字　　　　　　　　 2023 年 12 月北京第 16 次印刷
　　　　　 著作权合同登记号　图字：01-2019-1639 号

定 价：59.90 元
读者服务热线：（010）81055656　印装质量热线：（010）81055316
反盗版热线：（010）81055315
广告经营许可证：京东市监广登字 20170147 号

　　信不信由你，实际上你经常在日常生活中做实验。但是你可能不会把它们称作"实验"，但当你试图找出事情发生的原因时，你就是在做一个实验。例如，假设你生病了，你决定弄清楚自己昨天吃了什么导致让你感觉不舒服。所以你要找出一些特殊的、不是每天都会吃的食物。然后，你认为你已经找出了令自己感觉不舒服的食物（至少你假设自己已经这么做了），所以你决定今天要保持和往常一样的饮食习惯，除了那一个特殊的食物以外。因为你要排除所有的可能性。恭喜你，你已经快成为一名科学家了！

　　你和科学家之间的区别是，从科学的角度来说，你每天做的事情有点"凌乱"。你没有控制组和公正的观察者，你没有明确定义或测量你的变量，你没有运用任何统计数据，但科学家使用的所有方法都是为了达到一个目的：让我们更仔细地观察事物，这样我们就可以更有信心地回答从前我们未知的问题。

　　你可能没有做过本书中描述的所有研究，但没关系，因为你在阅读本书的过程中会学到很多关于人类行为的知识。但如果你完成了本书中的实验，你会获得很多乐趣，也会学到很多。大多数心理学史上的名人如巴甫洛夫

（Pavlov）、斯金纳（Skinner）、罗夏（Rorschach）、费斯汀格（Festinger）、皮亚杰（Piaget）、科尔伯格（Kohlberg）和阿施（Asch），以及其他现代心理学家，如塞利格曼（Seligman）、洛夫图斯（Loftus）、恰尔迪尼（Cialdini）和津巴多（Zimbardo）所做的实验都被囊括在本书中。你还将在本书中找到一些由著名心理学家如巴雷特（Barrett）、伊斯特威克（Eastwick）、迪尔（Diehl）、怀斯曼（Wiseman）和艾瑞里（Ariely）开展的最新研究。

心理学研究非常盛行，远非只存在于象牙塔中。心理学研究发生在网站上、餐厅里、法庭上、广告里，甚至在你的智能手机中。

你会惊讶于心理学家最近所做的实验。但就像我说的那样，即使你不做书中描述的任何一个实验，我想你也会发现做实验实际上是一种非常有趣的体验。当你在做实验的时候，你就像夏洛克·福尔摩斯（Sherlock Holmes）一样，你会调查所有的证据、寻找线索（关于人类为什么会做出某种行为的线索），然后通过尝试做些事情来看看会发生什么。这难道不是科学家和所有感到好奇的人所做的吗？他们会尝试着去做一些事，然后观察即将发生的事情。

所以，在本书中，让我们一起尝试做一些有趣的事，看看接着会发生什么吧！

「目　录」

普·津巴多

导　言

　　心理学实验在不断取得重大突破，研究对象繁多：从垂涎欲滴的狗、困惑的猫、迷信的鸽子、富有洞察力的大猩猩、好斗的儿童，到充满恐惧感的成年人。有关人类的研究是丰富而多样的，其中包括奇特的、伟大的、令人尴尬的，甚至有时会产生我们难以相信的实验结果。自从实验心理学之父——威廉·冯特（Wilhelm Wundt）——找到被试来听他的节拍器发出来的"滴答"声来协助他完成内省实验的时候起，心理学家们就做了很多实验，这也不断地颠覆着我们对自身的认知。如今，我们可以利用复杂的人格测验与核磁共振技术（MRI）扫描人们在思考时大脑内部"黑箱"的景象。有些心理学实验，例如，斯金纳的鸽子实验虽然已经比较陈旧，但绝非过时的或是错误的。至今，它们仍具有非常重要的作用。即使我们能够使用核磁共振技术扫描我们的大脑，我们也无法完全理解我们所看到的事物。我们时常会在看到弗洛伊德的理论的时候怀疑某些部分的真实性，但是我相信在一百年以后，如若未来的研究者再回顾如今的研究，他们同样会一笑了之。

心理学实验为何如此重要

　　在本书中，我们将探讨一些在心理学史上著名的心理学实验和一些鲜为人知的心理学实验。我确信，即使你没有真正做过本书中提及的心理学实验，你也会获得很多乐趣。以下是一些奇特的、伟大的及重要的心理学实验（我们将对其中的一些实验进行改版）的例子。

奇特的实验

想象一下，如果你需要协助一位研究者，他要求你站在卫生间录下一个男人站在小便池边小便的过程。是的，这项研究实际上是由 R. 丹尼斯·米德尔米斯特（R. Dennis Middlemist）和他的同事在 20 世纪 70 年代做的。这也许听起来很奇怪，但他们想看看当我们在小便的时候，身边有其他人会造成什么样的影响。这并不奇怪，当有人在附近时，排尿确实需要更长的时间。你可能会说这侵犯了你的隐私。这项研究虽然确实有点奇怪，但对患有害羞膀胱综合征的人却有很大的帮助。

令人惊讶的实验

许多人都害怕世界末日，有时他们甚至害怕某一个特定的日期。（还记得 2012 年 12 月 12 日吗？很多人都认为这一天是世界末日。）当人们非常坚定地相信这样的事情，而世界末日并没有来临时，他们的大脑在想什么？他们是怎么面对现实的？利昂·费斯汀格（Leon Festinger）和他的战友们决定通过加入一个"世界末日"邪教组织，去看看这一天究竟会发生什么。这项研究为我们提供了很多关于认知失调（cognitive dissonance）的知识。正如你将在本书中看到的，认知失调与你每天的生活息息相关。

令人印象深刻的实验

没有多少研究是从《圣经》里的故事得到启发的，但是约翰·M. 达利（John M. Darley）和 C. 丹尼尔·巴特森（C. Daniel Batson）的研究做到了这一点。他们把撒玛利亚人的比喻改编成了心理学研究。这个寓言讲述的是几个人从一个明显需要帮助的陌生人身边经过时，只有一个人帮助了那位陌生人。所以达利开展了一项研究，被试（都是神学院的学生）被要求基于这个寓言做一个简短的演讲。但你不知道的是，被试必须步行穿过校园去完成演讲。一路上，达利和巴特森把一个假装需要帮助的人暗插在沿途。我们学到了很多，包括在哪些情况下能获得帮助、在哪些情况下无法获得帮助，以及当你需要帮助的时候该怎样去求助等。

有影响力的实验

许多人相信自己的记忆是准确的。我们认为我们有"闪光灯记忆"，我们之所以这样认为是因为我们"亲眼看到了它"，它一定是按照我们的记忆发生的。心理学家伊丽莎白·洛夫特斯（Elizabeth Loftus）向我们展示了记忆有多么不准确、多么容易受到外界的影响。她给被试看了车祸现场的录像，然后问他们看到了什么。只要在措辞上稍作修改，人们就会相信他们看到了实际上不存在或根本没有发生过的事情。这项研究在今天的法庭上仍然非常有影响力，尤其是当陪审员在审查证据并做出裁决的时候。

概念性重复

我们不会复制斯坦利·米尔格拉姆（Stanley Milgram）的研究，在这项研究中，许多被试都认为他们给了某人致命的电击。我们也不会把被试锁在虚拟的牢房里，让他们扮演"囚犯"和"警卫"的角色［菲利普·津巴多（Philip Zimbardo）所做的研究］；我们不会对狗进行电击［马丁·塞利格曼（Martin Seligman）所做的研究］；不会让自己住进精神病院［大卫·罗森汉（David Rosenhan）所做的研究］；不会让老鼠在迷宫里跑，也不会塑造鸽子的行为［斯金纳（Skinner）所做的研究］。尽管如此，我们仍然可以通过进行所谓的"概念性重复"来了解从众、社会角色、标签、塑造行为和无助的力量。也就是说，我们仍然可以通过做一些小的研究来检验这些重要的观点，这些研究与原始的研究不同，但它们仍然可以证实这些重要的观点。

例如，我们将研究如下这些概念，但我们将用原始的方式进行研究。

○ **认知失调：** 让我们先忘掉邪教成员，来看看你在网购的时候认知失调是如何发生的。

○ **社会角色：** 我们并不需要像津巴多那样创建一个模拟监狱，仅仅在课堂上的小组讨论中，我们就可以看到社会角色是如何影响我们的。

○ **习得性无助：** 我们也不需要像塞利格曼那样对狗进行电击，而是可以通过让被试解决一些非常难解的谜题来研究无助的影响。

○ **罗夏墨迹：** 我们不会给人们看墨迹图片并判断他们对这些图片的解读是否表明其患有精神分裂症，我们只需要将这些图片展示给被试，给他们的回答起不同寻常的名字，并检验给墨迹图打分的难度。

○ **探测谎言：** 你身边可能没有一个测谎仪，但我们仍然可以通过一个非常有趣的"讲故事"的方法去了解我们如何才能识破谎言。

○ **行为矫正：** 我猜你也没有斯金纳箱和一群鸽子。尽管如此，你仍然可以验证用钢琴键盘矫正行为的想法是否正确。

尊重你的被试

尽管我们即将介绍的实验内容很有趣，但我们必须关注心理学家非常关心的一个问题，那就是我们要对那些同意参与我们研究的人给予关心和尊重。例如，每一所学院和大学都有一个伦理审查委员会（IRB），他们需要仔细阅读实验研究建议书的内容，并确保这些核心议题是每项研究的一部分，具体如下所示。

- **知情同意**：研究者应向每位被试提供足够的相关资料，然后让他们决定是否愿意参与研究。
- **退出的自由**：研究者不可以强迫、愚弄或强制要求被试参加心理学研究。尽管许多高校要求"心理学 101"课程的学生把参与研究当作必修课，而 18 岁以下的学生和那些根本不想参与研究的学生可以选择完成另一项任务（例如，就他们感兴趣的话题写一篇短文）。
- **汇报和跟进**：一旦研究结束，所有被试都有权知道研究的确切内容，包括如果他们感兴趣，他们如何才能知道结果；当他们对参与研究有任何问题或担忧时，他们应该联系谁等信息。有些研究者为了真正找到他们想要的东西，需要隐瞒或欺骗被试，或者至少省略一些重要的信息，这样被试才会以尽可能自然的方式参与其中。然而，一旦研究完成，研究者就应将所有的事情都向被试解释清楚。

这道德吗

作为人类行为的研究者，研究人员必须权衡研究的重要性和被试面临的潜在风险。这就是伦理审查委员会在阅读提案时必须评估的"伦理困境"

（ethical dilemma）。

风险

被试面临的潜在风险是什么？除了身体有可能受到伤害以外，被试在参与研究期间是否会承受过大的压力？他们会不会在完成研究时觉得自己很糟糕、焦虑或悲伤？在理想情况下，我们希望被试在结束研究时的感受是正面的和积极的。例如，在研究人类社会并以了解人类社会为目标的事业上做出贡献。但任何研究都可能激发被试的负面情绪，而这很有可能是研究人员（也就是你）没有预料到的。在有些情况下，个体会产生明显的担忧情绪，例如在关于虐待儿童的研究中，你可能会问一些关于过去的、他们一直害怕回想的问题。其他情况则更微妙。假设你对记忆很感兴趣，你让被试记住列表上的单词。这听起来没有什么害处，但有些被试可能在这个实验中表现得很差，如果他们年龄较大，他们可能会开始担心自己是否会因为父母患有阿尔茨海默病而也患上此病。这就是研究者需要将后续相关信息提供给被试的原因，这可以减轻被试在未来可能会出现的担忧。

优势

这项研究对人类有什么好处？通常情况下，伦理审查委员会关注你的被试所面临的风险是否最小。然而，有些风险可能是不可避免的。例如，当研究员尝试使用一种新药却不知道确切的合适剂量，或者不清楚其副作用的时候。在这种情况下，伦理审查委员会成员必须问自己："我们是否可以在这项研究当中获得一些非常重要的信息，到底值不值得冒这样的风险？"这是一个重要而又很难衡量的问题。

心理学研究和伦理困境

以下是一些研究的例子，有一些存在明显的困境，还有一些不存在那么明显的困境。

米尔格拉姆对权威的研究

人们会在即使需要对他人造成严重伤害的情况下也服从权威人物吗？你可能听说过斯坦利·米尔格拉姆（Stanley Milgram）提出的一项研究。在这项研究中，被试被要求扮演"老师"的角色，当"学习者"给出错误答案时，被试就需要对"学习者"进行电击。这项研究给我们揭示了一些关于人类的、令人不安的信息，并且证明了当权威人士要求我们有悖道德做一件事的时候，我们是如何做出反应的。我们还学习了如何以及何时才能减少对权威的盲目服从。当然，在米尔格拉姆的研究中没有人真正受到伤害，这些学习者发出的痛苦的叫喊声是假装的，研究者会将其录下来，以便每名被试都能听到完全相同的声音。但尽管如此，这项研究还是让许多被试感到震惊。这是促使 APA 道德准则得以建立的研究之一。这项研究发生在 20 世纪 60 年代初，人们认为尽管这些发现很重要，但由于可能会对被试造成心理伤害，因此这项研究永远不会被复制。然而，心理学家杰里·伯格（Jerry Burger）想出了一个巧妙的方法来复制这项研究，同时大大降低了被试有可能面临的风险。他仔细研究了米尔格拉姆的研究，他发现给"学习者"施加 150 伏电击的"老师"中有 79% 的人最终会给"学习者"施加 450 伏电击，所以 150 伏是一个转折点。如果你愿意继续下去，你可能会越来越疯狂。那么，如果我们重复做这项研究，但在 150 伏时停止呢？我们为什么还要更进一步呢？伯格的医学伦理委员会同意了这个设想，由此著名的米尔格拉姆研究在 2009 年被复制。与米尔格拉姆相比，伯格对被试进行了更详尽的情况说明，被试感受到的压力也相对小得多。不幸的是，自"米尔格拉姆时代"以来，人类的心理似乎并没有多大改变，伯格还发现，他的被试中约有 2/3 的人按照权威人士的指示付诸行动，并执行了向"学习者"施加 150 伏电压的指令。对权威盲目服从的行为显然仍然存在。

挫折和创造力

挫折能帮助人们变得更有创造力吗？也许你发现自己正处于一个尴尬的境地，而这恰恰促使你找到了解决问题的有效方法。所以这是一个合理的问题：挫折会不会让我们变得更有创造力？若想要回答这个问题，我们就必须让一些被试感到沮丧。你如何才能让他人感到沮丧？你可以做以下这些事情。

1. 让他们做一件实际上不可能完成的任务。

2. 给他们错误的信息，例如，告知他们在完成某项任务时他们的表现很差（实际上，他们做得和其他人一样好）。

3. 告诉学生，他们的课程表丢了，他们不得不重新报名参加所有课程（这实际上是我上过的一所大学提出的）。

我们要做的是找到一种不会给被试带来太大压力，但仍能让我们检验我们感兴趣的主题的研究方法。请参考"实验 37：创造力是如何发挥作用的"，以了解研究人员在解决这一问题时使用的一种方法。

用虚拟手段战胜恐惧

虚拟现实头盔可以被用来治疗恐惧症吗？假设你有恐高症（大多数人都有，而且理由很充分），但你想克服它，因为你的新工作要求你经常待在很高的楼层。有一种治疗恐惧症的方法叫作"洪水疗法"（flooding），使用这种方法的治疗师会把你带到一栋很高的建筑里，让你站在靠近窗边的地方。你会感到焦虑并且这种状态可能会持续很长一段时间，但最终你的焦虑会消退。之前的研究已经证明了这种技术具有一定的有效性。但今天我们有虚拟现实头盔。我们可以思考：让客户戴上这种头盔站在虚拟建筑的边缘是否会同样有效？这能治疗恐惧症吗？这项研究听起来很简单：找来虚拟现实头盔，雇一个虚拟现实编程专家来创建一个"建筑物边缘场景"，并且发布一则寻找被试的广告，广告上指明需要有恐高症的被试尝试一种全新的治疗方法。之后再看看是否有人可以利用这样的穿戴式设备成功地克服相关疾病。这听起来比让他们站在真正的建筑物的边缘更安全。然而，你会意识到许多人发现戴虚拟头盔的体验不仅会让人迷失方向，而且令人作呕。你将如何帮助那些可能还没有意识到这一点的被试呢？

正面文章以及积极性

当你看到脸书上发布的积极的文章时，你自己发布积极的文章的概率会不会有所提升？你可能听说过，早在 2012 年脸书的研究人员就已经开展了一项研究，他们分别将正面的和负面的文章推送给不同的人群。他们想看到那些接收了正面文章的人群接下来会不会发布正面的、积极的文章。超过 70 万人的脸书信息流（Facebook feeds）被这种方式操纵。他们发现这种方法并未对人们造成强烈的影响。但是这种做法道德吗？你有可能认为这不会产生什么消极影响，但如果是轻度抑郁的人看到大量令人沮丧的文章呢？如果审查委员会在开展这项研究之前有机会对这种方法进行审查，就会坚持奉行知情同意的原则。脸书可能会争辩说，当用户同意脸书的服务条款时就表明已经同意了这类相关的操作。

"科学 Y"的东西

心理学系的学生和老师们可能已经注意到，我在本书中避免使用了学生们在课堂上学习的许多有关心理学研究方法的术语，如"独立变量和因变量""操作定义""控制变量"，以及处理统计分析细节的术语。

我这样做是为了让普通读者也能够享受阅读这本书的乐趣。然而，我们在做本书中描述的所有实验时都可以进行数据分析并撰写报告。自变量（被操纵的变量）和因变量（被测定的变量）都将很容易被识别。

这些研究大多采用"李克特量表"（Likert scales）。这意味着你的被试需要圈出从 1 到 5、7 或 10 中的一个数字。在这种情况下，当研究涉及两组被试时，适当的统计检验应该是组间 t 检验（此处没有描述组内设计）。一些研究包括三组被试，在这种情况下，我们需要针对被试进行方差分析。当被试回答"是"或者"否"时，我们就需要进行卡方检验。然而，在一般情况下，进行统计检验是没有必要的，在大多数情况下，学生可以简单地计算出平均值，并将结果以条形图的形式呈现出来。

本书中所描述的任何一项研究都无法消除所有我们可以想象到的外部变量，因此，当我们对数据进行分析时，并不一定会发现在统计学上有意义的结果。在任何一项研究中，研究者都无法保证一定能得到显著的结果。如果你做了一个测试，但没有发现一个显著的结果，可能是一个无关的变量影响了你的结果，或者也许原始研究的方向就是错的，你发现你想要的结果实际上不存在。在这种情况下，你可能想弄清楚你的研究到底可不可以发表！

好了，我们已经了解了心理学研究的相关背景信息。你准备好了吗？那我们来做一些实验吧！

实验1：你可以自己做经典条件反射实验

➡ **"也许我们的反应和狗没什么不同！"**

心理学概念：经典条件反射

实验名称：消化腺的工作

原创研究者：*伊万·P．巴甫洛夫（Ivan P. Pavlov）*

除了弗洛伊德以外，巴甫洛夫当属心理学领域最著名的人物之一。谁没有听过他那著名的垂涎三尺的狗呢？许多人都认为巴甫洛夫的实验只能利用狗来完成，但其实并不是。这种经典条件反射也会发生在人类身上。在这个实验中，我们将看到我们可以让人们接受一种过去对他们完全没有影响的刺激。

我们先从对巴甫洛夫研究的一点说明开始：巴甫洛夫并不是一位心理学家，他是一位生理学家，主要对消化系统比较感兴趣。在他对狗进行的研究中，他尤其对唾液分泌反射感兴趣。当我们把食物放进嘴里的时候，作为消化过程中的一个环节，我们会自动分泌唾液，而他恰恰想对此环节做更深入的研究。

巴甫洛夫的研究主要针对身体反应，这些反应通常是自动产生的，他展示了如何学习这些反应。这些反应不能与通过奖励来学习的行为混为一谈。

举个例子，你那只受过训练的狗可能会为了获得你训练它时使用的奖励，按照你的指令走到你面前。对某种奖励做出反应的实验被心理学家称为"操作性条件反射"。

原版实验

为了确保我们已经记住了巴甫洛夫的研究，让我们简要地回顾一下他所做的研究。首先，巴甫洛夫做了一个小手术，他在每只狗的脸颊上都植入了一根小管子（大小与试管相似）。他用管子收集并测量狗的唾液。然后他把狗放到桌子上，给它套上挽具，这样它们就不会走开了。最后，他给这些狗吃了一种用肉做成的粉末（你可能听说过，这并不是真正的牛排）。你可以通过简单地搜索"巴甫洛夫的狗的设置"一词在网上找到设置的图像。

巴甫洛夫预料到狗会对放在它们面前的肉粉流口水。但他没想到的是，接下来他注意到的现象：当狗听到他的助手拿着肉粉上楼去实验室时，它们都流了口水。幸好巴甫洛夫密切关注着他的实验室里发生的事情，并注意到了这一点。由此，他决定去观察其他行为是否能促使狗分泌唾液。

接下来，他再次把狗放到桌子上为其套上了挽具。然后，他开始打节拍。我们也许会以为巴甫洛夫会利用铃铛但是他一开始并没有想要用铃铛。他想要用一种狗从未听过的声音———一种"中性刺激"，所以他用了节拍器。巴甫洛夫将时间节拍器上足发条，当钟摆慢慢地从右到左摆动时，节拍器会发出"咔嗒咔嗒"的声响。

起初，狗好奇地看着节拍器，然后就把目光移开了。然后就在给狗狗们一盘肉粉之前，巴甫洛夫启动了节拍器。他按照这个程序重复了好几次。接下来，他在未提供肉粉的情况下，打开了节拍器进行观察。果然，狗的唾液开始往管子里滴。这些狗产生了一种联想，它们学到了一些东西，并以一种可预测的、从科学的角度可以观察的方式去行动。他的发现使很多人感到兴奋，这当然是可以理解的。

▶ 让我们试一试

经典条件反射（通常也被称为"巴甫洛夫条件反射"）的典型表现包括要求某个人穿上雨衣或披上塑料垃圾袋。然后，老师让学生读单词表。每当学生说出清单上某个特定的"关键词"（例如"椅子"）时，老师就会向学生喷水。当然，这名学生在水花面前退缩了。在多次重复之后，每当这名学生听到"椅子"这个词时他就会畏缩不前，即便老师决定在学生说完这个单词后不再向他喷水也是如此。在这个案例中，"椅子"就是一种中性刺激。然后，通过与水（非条件刺激）反复配对，当听到"椅子"这个词汇时，这个人就会退缩。"椅子"这个词是一种条件反射刺激，对这个词的畏缩反应就是条件反射。瞧！这就是巴甫洛夫的重大发现。

这里有另一个有趣的方法可以验证巴甫洛夫的想法。你将需要：

- 2 枚骰子
- 骰子杯
- 喇叭——最好能发出很吵、很烦人的那种声音
- 桌子
- 一种不会打扰到别人的噪声

要做这个实验，你需要 2 组人。我们称他们为"A 组"和"B 组"。

你需要做的是:

A 组

第一步：让你的被试坐在桌子旁，将你的骰子放在杯子里并准备好喇叭。

第二步：告诉 A 组的成员你要掷骰子，如果骰子的数是偶数，你就按喇叭。如果是奇数，则不按喇叭。

第三步：摇晃杯子里的骰子，发出声音，然后数你的骰子的数目，当符合标准时按下喇叭。

第四步：这样重复做十次以上。

B 组

第一步：让你的被试坐在你的桌子旁，将你需要的道具准备好。

第二步：告诉这组人，你只会在所有骰子的数加起来小于 6 的时候才让喇叭响。

第三步：将骰子放到杯子里并摇晃，接下来将骰子投掷到桌子上，符合标准就按喇叭。

第四步：这样重复做十次以上。

▪ 结 果 ▪

你所做的就是让你的被试在你掷骰子的时候畏缩。起初，摇骰子是一种中性刺激。也就是说，在你第一次摇晃杯子的时候，你不会看到被试的任何反应。然而，在 A 组中，几乎在每次掷骰子的时候你都要按喇叭。而当你摇杯子发出声音时，他们会习惯性地畏缩。B 组可能不会因为看到或听到摇晃杯子的声音而畏缩，因为它与喇叭声音的联系非常微弱。在某种程度上，杯子的晃动类似于巴甫洛夫的助手正在上楼。

为什么这个实验如此重要

如果你善于观察，你会发现巴甫洛夫所做的实验的原理与你的生活息息相关。你或你认识的人去医院看望别人时会不会感到不舒服？这是因为医院的景象、声音和气味都会让人与焦虑挂钩。巴甫洛夫条件反射在日常生活中体现出的最经典的例子就是牙医的钻头。一开始钻头的声音是中性的，但是随着你被钻头刺激的次数越来越多（有时它会让你很痛），你就越有可能在看到那该死的钻头时退缩。

实验 2：你是如何被操纵支付超出你的预算的钱的

➡ **"我敢打赌你一定想花几千元买这个！"**

心理学概念： 锚定实验

实验名称： "任意连贯性"：没有稳定偏好的稳定需求曲线

原创研究者： 丹·艾瑞里（Dan Ariely）、乔治·列文斯坦（George Loewenstein）和卓瑞森·普瑞雷克（Drazen Prelec）

这项研究的标题可能听起来很吓人，但每次你去商店或在网上购物时，你可能都会受到这些研究人员发现的规律的影响。举个例子，你曾经购买过手机应用程序吗？iTunes 或谷歌应用商店里的典型应用程序要么是免费的，要么只需一两美元。如果你看到一款售价 5.99 美元的应用呢？你可能会认为"怎么那么贵"。但是想想看——6 美元？你可以非常随意地用 6 美元来购买一杯苏打水和几片比萨。这就是问题的关键：你认为昂贵或便宜的标准并不是你的大脑来断定的。昂贵或便宜的标准，往往取决于你刚刚听说或见到的产品的价格。

这就是为什么你会听到一个广告主告诉你，你本应该为购买这款产品支付多少钱（较高的价格），但是他们卖给你的产品价格更便宜（尽管也不低）。假设你正在观看一则最新燃脂健身器材的电视广告。广告主想以 300 美元的价格出售这款设备。你也许对这台设备的价格没有什么概念，但广告主会说：“一般购买像这样的产品，你大概需要花 600 美元，也有些商店卖 500 美元。”当他们最终给出 300 美元的价格时，你可能会认为 300 美元是一个很不错的价格。

还有一个例子，当你去买汽车时，销售人员会问你打算花多少钱。假设你想找一辆价格不超过 15 000 美元的车，销售人员会先给你展示比这个价格贵很多的车，有可能是价值 25 000 美元的车。此刻销售人员试图在心理上设置一个所谓的“高锚”。锚是一个标杆价位，当你接下来看每一辆车的时候，你就会自然而然地与这个价格作对比。下一步他就会向你展示那些比第一款车便宜一点，但仍然会超出你的预算的车。如果销售人员成功地运用了这一技巧，你最终会认为一辆 18 000 美元的车是绝对值得购买的。

你做出这一切的举动，只因你被锚定效应影响了。

原版实验

你会惊奇地发现，用这种技巧操纵别人是多么容易。丹·艾瑞里（Dan Ariely）和他的同事们能够通过使用锚的数字来分析并控制人们肯为一款产品支付多少钱的意愿，但这与产品本身毫无关系。首先，他们挑选了人们不太熟悉的产品，例如，无绳触控板、键盘和一盒比利时巧克力。你知道这些产品通常的价格是多少吗？你的脑海里肯定出现了从 10 美元到 100 美元不等的价格范围。事实上，艾瑞里选择的产品的平均价格约为 70 美元。

那么，我如何才能让你愿意支付尽可能多的钱呢？艾瑞里利用了锚定效应，但他没有像电视广告那样告诉你“类似产品”的价格。相反，他只是问人们，他们是否愿意购买这些价格等于他们的社会保障号码的最后两位数字的产品。他们还被问及购买这些产品能够接受的最高金额。你猜结果如何？社会保险号后两位数字较小（小于中位数）的被试给出的价格较低，而社会保险号较大（大于中位数）的被试给出的价格却较高！因此，社保卡号——当然它与这些产品的价格无关——就足以影响被试愿意为一个产品支付多少钱。例如，社会保险号码的最后两位数字都很大的被试平均愿意为无绳键盘支付 57 美元。那些社会安全号码以较小的数结尾的人只愿意支付大约 16 美元！

▶ 让我们试一试

你可以用这个效应来找点乐趣。你需要的是：

- 一群朋友
- 索引卡（数量相当于参与人数）
- 5 张大多数人不太熟悉的产品图片

怎么做

第一步：告诉你的朋友你正在为学校做一项小调研，或者你只是让他们讲出对你想购买的一些新产品的看法。

第二步：拿起你的索引卡，在每张卡片的左边都写下一个小的数字（小于 20）或一个大的数字（大于 80 和大于 100）。

第三步：在你开始实验之前，给每位被试一张你写上了数字的索引卡（如果你在以小组为单位做这项研究，请他们不要把自己的数字给其他人看）。如果他们对这个数字很好奇，告诉他们你稍后会查看他们的信息，但是你希望它是匿名的，这就是为什么你给他们每个人一个随机的"身份号码"。

第四步：告诉你的被试，你将向他们展示一些产品，并要求他们在卡片的右边写下产品的名称和他们愿意支付的最高价格。

第五步：每次给他们看一个产品的图片。你可以随意使用研究人员使用过的同样的产品——无绳键盘、昂贵的巧克力、一瓶稀有的葡萄酒等。如果他们想要了解每个产品的很多细节，告诉他们只能根据他们在图片中看到的内容来做出决定。

第六步：给他们最多两分钟的时间去看产品的图片，然后把答案写在卡片的右边。

▪ 结　果 ▪

一旦你向他们展示了最后一件产品，实验就结束了。接下来，你可以收集卡片并看看收集到的信息。我敢打赌，你会发现那些得到较低"身份号码"的人比那些得到较高号码的人给出的价格要低。如果你以小组的形式做这个实验，你甚至可以从中得到一些乐趣，让你的被试互相展示他们的索引卡，并自己查看结果。由此你可以得出一个有趣的结论。

为什么这个实验如此重要

在生活的许多领域，这种"锚定操作"都被用来说服你为一个产品支付比你最初可能愿意支付的更多的钱。所以，像往常一样，"买家要小心。"防止这种情况发生的唯一方法是在进入购买状态之前做一下调查。尤其是当你买车时更是如此。你可以浏览网上或纸媒上的各种购车资源，这样你就知道你应该花多少钱购买自己感兴趣的车。如果这些消息来源显示你感兴趣的那辆车的价格通常是 1.7 万美元，那么让这个数字成为你自己的"锚"，然后用它来和其他汽车作比较。不要让销售人员的说辞

或广告上的文字改变你的想法。当你在购买手机应用程序时，记住 3.99
美元并不是一个绝对的高价格，只因附近的其他应用程序都是免费的。
仔细思考一下，花同等价位的钱你能够得到什么。当你在网上购物时，
请记住，一些非常昂贵的产品会被展示在首页，但你并不一定要去购买。
这是商家设置的"锚"。商家这么做是希望当你浏览网页下方的商品时，
找到一款比首页上的昂贵产品稍微便宜但可能超出你预算的产品，最终
促使你购买产品。

实验 3：估算距离——其中蕴含的心理学原理比你想象的多

➡ **"恐惧会破坏你的大脑的测量能力！"**

心理学概念： 感知

实验名称： 态度和恐惧在感知高度中的作用

原创研究者： 珍妮·K.史蒂芬努奇（Jeanine K. Stefanucci）和丹尼斯·R.普罗菲特（Danis R. Proffitt）

很多人都恐高，从进化的角度来说，这可能是件好事。毕竟，通常只有那些恐高的人才能活下来。但是你知道你对事物的感知有多深（以及由此产生的恐惧）取决于你在回答问题时所处的位置吗？有一个专门研究这个想法的机构叫"进化导航"。例如，假设你站在一幢建筑物的底部，抬头望向屋顶。然后假设你站在同一栋楼的顶层俯视地面。你认为你会从这两个位置来估计建筑物的高度吗？答案是：你会的。

原版实验

研究人员珍妮·K.史蒂芬努奇和丹尼斯·R.普罗菲特做了一个实验，你只需对这个实验稍加修改就可以自己尝试做这个实验。他们在大学校园里找了一栋楼，楼外有一个阳台，人们可以站在上面。阳台大约有 8 米高。一些被试被要求站在阳台的边缘（前面有栏杆以防有人跌下去）向下看地面。他们被要求观察地面上的一个扁平圆盘，并估计从栏杆顶部到圆盘的距离。其他被试也完成了同样的任务，但他们站在地上，抬头看着放在栏杆顶端的圆盘。所以两组被试与圆盘的实际物理距离都是一样的。那么被试的位置是如何影响他们对距离的估算的呢？

正如你可能已经猜到的那样，从高处往下看会产生一种恐惧感，并让被试觉得离地面的距离比他们站在地上向上看的距离要长得多。往下看的被试认为自己距地面约 12.5 米。那些向上看的人认为阳台大约在 9.5 米之上。

所以，如果你想知道我们是否以真实的方式看待现实，答案是我们并没有。我们的认知确实取决于我们当时所处的位置。

▶ 让我们试一试

你可以自己做这个研究，找一个高的地方，你的朋友可以站在那里，让他们估计从他们的脚面到地面有多少米；让另一群朋友站在地面上向上看高处的朋友脚踩的位置，让他们估计这个"点"有多高。你可能会发现，那些向下看的人估算的距离比向上看的人要远得多。

然而，这些研究人员还发现了另外一种感知，是可以在保证安全的情况下进行测试的。事实证明，如果人们认为到达目的地需要耗费大量体力，那么他们也会高估距离。所以，如果你在户外，估算通过很多崎岖的地形（有很多岩石和小山丘）的路程，你会认为这段路比你需要通过的比较平坦的地形的路要长——即便这两段距离完全相同。这个实验更容易完成，它并不需要让你的朋友站在一幢高建筑物上。

你需要的是：

- 2 ~ 4 位朋友
- 大型停车场（或其他广阔的地形）
- 背包里装满了很重的图书

怎么做：

第一步： 让几位朋友站在停车场的一头，并让其预估一下自己所处位置距停车场另一头有多少米。确保被试听不到彼此的想法。

第二步： 转向你的第二位朋友或第二拨朋友们，但在你问同样的问题之前，让其背上背包。

肩上的背包会不会让你的第二位/拨朋友觉得距离更远呢？

▪ 结　果 ▪

如果史蒂芬努奇和普罗菲特是正确的，增加的重量会让你的被试认为目标距离比实际距离更远。因此，背着沉重背包的被试可能会给你更大的估计值。

为什么这个实验这么重要

如果你曾经讨论过身体和心灵是否是独立的实体，你可以将这个研究当作一个例子。它们其实并不是。这项研究表明，我们的身体感觉确实会影响我们的思维方式。

当你要走很长一段距离或参加马拉松比赛时，如果你累了或你前面有一座小山，那么你会觉得终点离自己比实际上更远，我们能记住这一点将大有裨益。

实验4：你的记忆力比你想象的要好

➜ **"我怎么才能记住这么多信息呢？"**

心理学概念： 记忆法

实验名称： 记忆对实验心理学的贡献

原创研究者： 赫尔曼·艾宾浩斯（Hermann Ebbinghaus）

你曾经在课堂上思考过多少次这个问题："我怎么才能记住所有知识点呢？"你知道自己的短期记忆只能记住少量的信息，如果你不断地对自己重复这些信息，那么在短时间内，或许几天内，你能记住少量信息。因此，可以理解的是，你对自己能记住多少知识并没有信心。然而，也有可能你只是没有充分利用你的记忆。在这个实验中，我想你会惊奇地发现你能记住的东西比你想象的多。事实上，这里有很多你可能不知道的"记忆技巧"。我们将在这个实验和其他心理学实验中探索它们。

原版实验

数千年前，希腊人就对记忆策略非常着迷，但在19世纪中期，赫尔曼·艾宾浩斯进行了第一次细致的研究。有趣的是，他决定在所有的研究中都以自己为研究对象。艾宾浩斯是一个一丝不苟的人，他的方法非常直接。他坐下来，然后给自己写了很多很多的单词。他在看完这些单词之后，立即尽可能多地把这些单词都记下来，并且分别在第二天、第三天用同样的方式将他能记住的单词记录下来。

艾宾浩斯并不想使用包含像"猫"或"蝙蝠"这样的普通单词的随机列表，因为它们很容易掌握。为了解决这个问题，他提出了"无意义音节"的概念：由三个字母组成的单词有一个明显的规律：它们都以辅音开头。下一个字母是一个元音，最后一个字母是另一个辅音。就这样，他创造了像"baj"或"juf"这样没有特殊意义的英文单词。

此外，像任何一位优秀的科学思想家一样，他意识到他应该用完全相同的时间来观察每一个他不熟悉的单词。在那个年代，音乐家们经常使用上发条的节拍器来制造出一种稳定的"滴滴答答"的节奏，所以艾宾浩斯在给自己看单词时使用了一个节拍器，以确保他看某个单词的时间不会超过用在其他单词上的时间。

起初，他能正确地写下许多单词。过了大约六天，他发现自己再也记不住任何一个单词了。由此，他提出了"记忆的遗忘曲线"，这能帮助我们更好地理解短期记忆是如何起作用的。

乔治·米勒（George Miller）在 20 世纪 50 年代更深入地探索了艾宾浩斯的研究。他把注意力集中在记忆广度上，这是指在你听到某些信息之后你能立刻记在大脑里的东西的最大数量。举个例子，如果我大声说出 3 个随机字母，你很容易就能马上把它们复述给我所。但在你开始对自己感到不自信并做出错误判断之前，我还能再增加多少个字母呢？米勒发现，人类的记忆在短期记忆中只能包含大约 7 个项目。几乎没有人能正确地背出 10 个随机字母。

▶ 让我们试一试

你可以很容易地复制艾宾浩斯和米勒的实验，只要在你从第一个字母数到第十个字母的过程中，请一个人反复重复念给你听就可以。你将发现人们会在复述 7 个字母左右时开始出错。但是，让我们做一些更有趣的事情。

继米勒之后的研究人员发现，有一种方法可以打破这 7 个字母的"限制"。如果我们能找到需要记住内容的一些规律，我们就能记住 7 个以上的项。让我们看一些例子。你能把这 10 个数字都记住并重复一遍吗？如下所示。

7294682534

记住 7 个以上的数字，对你来说可能会比较困难。因为数字都是随机的。

那如下这些数字呢？

248163264128

你可能已经注意到，这个数字列表实际上可能并不难记。这些数字的前三位是偶数。但这些数字还有一个更深层次的结构：从左到右，数字翻倍。有了这些知识，我敢打赌你现在可以把目光移开，重复所有 12 个数字。记住这一点，让我们复制这个关于记忆的研究。你需要的是：

· 2 ~ 4 位朋友

· 笔

· 索引卡

· 秒表

怎么做

第一步：把"248163264128"写在索引卡上。

第二步：把卡片给一位朋友或一组朋友，让他们观察这些数字 15

秒，然后将卡片归还给你。

　　第三步： 让他们复述尽可能多的数字，但每个人需要单独完成这件事并写下答案。

　　第四步： 现在把同样的一组数字给另一位朋友或一组朋友，但是在公布纸上的内容之前，告诉他们这些数字是有规律的。（当他们看着这些数字时，从左到右的数字翻了一番，他们只需要发现这个提示就行了。）

　　第五步： 让他们看卡片 15 秒，然后把卡片还给你。

　　第六步： 让第二组人分别重复他们所看到的数字并写下他们的答案。

▪ 结　果 ▪

　　在这个实验中，你会发现第一组最多只能记住 7 个数字，而且他们很可能能正确地告诉你第一个和最后两个数字。这种回忆我们听到的第一件和最后一件事情的频率的倾向被称为"首因 / 近因效应"。第二组朋友可能说出了所有或大部分正确的数字（如果他们能发现这种规律的话）。

为什么这个实验这么重要

　　所以，你可能会认为这是一个有趣的"客厅小把戏"，但它在日常生活中有什么价值呢？它告诉我们，无论何时，当发现或运用某种规律看待信息时，你更有可能回忆起那个信息。或许你可能已经这样做了。例如，如果某人的电话号码是以 8228 结尾的，这比以 9437 结尾的号码更容易记住。编号 8228 有一个很容易记忆的规律且这组数字比较押韵，而在 9437 中我们就很难找到一个规律。但是，如果是你为它们制定了规律呢？让我们把它们分成更小的数字：94 和 37。你认识一位活到 94 岁的老人吗？一位 37 岁结婚的朋友呢？你曾经有过包含 94、43、37、943 或 437 的地址吗？如果你在玩数字游戏，并发现或应用一种熟悉的方法，你会惊讶地发现你能用你的记忆做什么。

实验 5：如何误导目击者

➡ *"你的记忆力远不如你想的那么好！"*

心理学概念：目击者证词

实验名称：汽车破坏重建：语言和记忆相互作用的一个例子

原创研究者：伊丽莎白·F. 洛夫特斯（Elizabeth F. Loftus）和约翰·C. 帕尔默（John C. Palmer）

我们大多数人都认为我们有很好的记忆力。有多少次你听到某人（或你自己）说："我非常清楚 XYZ 发生的时候我在哪里。"我们知道自己根本就不可能记得生活中发生的每一件事，但当我们有一段生动的记忆时，我们认为自己的大脑以确切的方式记录了发生的事情。事实证明，这并非事实。尽管我们对自己的记忆很自信，但研究人员发现，我们的记忆往往是由一些零碎的事情组成的，包括实际发生的事情以及我们认为可能发生的事情。我们在脑海中构建了关于发生的事情的故事——一个对我们和我们所讲述的其他人都有意义的故事。换句话说，你把零碎的东西拼凑成一个"记忆故事"——并不是所有的片段都真实发生过。

原版实验

伊丽莎白·F. 洛夫特斯博士自 20 世纪 70 年代初以来一直在研究目击者的记忆，她的发现对法官和律师产生了重大影响，特别是与目击者一起工作时她的研究提供了很大的帮助。

洛夫特斯博士最令人信服的一项研究是：我们的记忆有多么脆弱。所有的被试都看到了同样的视频，然后所有人都被问及他们认为事故发生时一辆车开得有多快。到目前为止，这是一项听起来相当简单的实验。

其中有可能不同的是用来描述汽车速度的词语。一组被试被问及当一辆车"撞上"另一辆车时车速有多快，而其他被试被要求估计当两辆车"相撞"时的车速有多快。

你可能会毫不惊讶地发现，平均而言，当被试被告知一辆车"撞上"另一辆车时，他们认为这些车的时速约为 64 千米，而当被告知两辆车"相撞"时，这些车的时速仅为 50 千米。在另一项研究中，当视频中没有破碎的玻璃时，洛夫特斯询问被试，他们是否记得自己看到过"破碎的玻璃"。你猜怎么样？很多被试说他们确实看到了碎玻璃。

这些研究告诉我们，我们对自己看到的东西的感知（汽车的速度）和我们对自己看到的东西的记忆（碎玻璃）是可以被操纵的。我们仍然对我们认为发生的事情充满信心。我们来看看能否将这个基本思想运用在别的方面。

▶ 让我们试一试

这项研究将向人们展示一段车祸的视频。有些被试可能真的遭遇过车祸，或者他们认识在车祸中受伤或死亡的人。显然，看一段哪怕是一场轻微的车祸的视频也会勾起不愉快的回忆。如往常一样，如果被试不想参与，请尊重他们的意愿。

若想要复制洛夫特斯的研究，你将需要：

- 车祸的录像
- 请被试观看视频
- 2 张纸，上面印着问题：一张纸的一个问题是，要求被试评估汽车的速度，前提是"当两辆车相撞"；另外一张纸的问题也是要求被试评估汽车的速度，前提是"一辆车撞击另一辆车"，附加一个轻微的车祸的简短视频就可以了

你可以在 YouTube 上找到这样的视频，只要搜索"车祸"这个关键词即可。然而，如果很难找到一个轻微车祸的简短视频，你肯定不想用一个令人不安的严重车祸的视频。实验不应该使用一个场面血淋淋的视频内容。

怎么做

第一步：告诉你的被试，你将要求他们测试他们在视频中看到的两辆车的速度。

第二步：把纸分发给被试。纸上的内容大致上相同，除了一个词："撞击"和"相撞"。

第三步：播放视频。

第四步：不允许任何讨论。

第五步：让被试在纸上写下答案。

第六步：之前的视频中没有停车标志。你可以问你的被试是否看到了停车标志并回答——"是""否"或"不确定。"

▪ 结 果 ▪

你可能会发现洛夫特斯所发现的：那些看到事故用"撞击"来描述的人所估计的车速要快一些。

你可以自由地和你的被试谈论他们对这项研究的反应。他们现在对自己的记忆的自信和他们进行这项实验之前一样吗？

为什么这个实验这么重要

为什么要研究这种现象呢？是的，在你人生的某个阶段，你可能会被要求成为"由你的同龄人组成的陪审团"。如果不是所有人都相信他们的记忆力很好，那么他们很可能会被目击者讲述他们所看到的故事的自信所左右。当你在陪审团工作时，你可能是那个帮助别人理解我们的记忆有多么脆弱的人，并且把注意力集中在最有力的证据上，而不是去关注那些对自己的记忆极其自信的证人。

实验6：没错，穿过一扇门会使你遗忘

➡ "我为什么要来这里？"

心理学概念： 编码和遗忘

实验名称： 走过门口会导致遗忘：情境模型与体验空间

原创研究者： 加百利·A. 雷万斯基（Gabriel A. Radvansky）和大卫·E. 科普兰（David E. Copeland）

你可能在某个时刻经历过这种情况：你坐在一个房间里做某件事，或者只是在刷牙，然后你觉得需要去拿点东西。所以你先把手上的事情搁置一旁，然后走进另一个房间，唉？你站在新房间里，不知道自己为什么会出现在那里。

如果这样的事发生在你身上，千万不要担心，因为这种经历也常发生在很多人身上。不仅很多人会认同你所经历的一切，科学家们也进行了大量的研究来了解为什么会发生这样的事情。他们认为自己有一些答案，你或许可以在自己家里或办公室里尝试重复他们的研究。

我们现在看到的是记忆研究人员所说的"编码"以及我们所说的"遗忘"。编码是指我们如何在头脑中获得信息。信息是通过我们的眼睛或耳朵进入我们的大脑的吗？当我们第一次听到或看到这些信息时，我们在哪里？

是在哪一天？你花了多少时间把这些信息记在大脑里？所有这些都与信息进入我们大脑的程度有关，也与我们在几分钟、几天甚至几年后对信息的记忆程度有关。"走过门口"现象探究了为什么从一个房间走到另一个房间会使你遗忘。它被称为"记忆的事件模型"。其实这并不复杂，让我们来看看。

原版实验

　　想象一下，如果你想做一个关于走进门对一个人记忆的影响的研究。当然，你需要让你的被试走动，你需要几个不同的房间，它们之间必须有门。如果你有很多空间，你可以在"现实世界"中做到这一点，但为什么不利用计算机技术，让你的被试在虚拟世界中行走呢？与科学家们真正喜欢的现实世界相比，使用虚拟世界有一个优势——控制环境。例如，一方面，如果你在现实中让你的被试从一个建筑的一端走到另一端，你可能无法控制你的被试遇到了谁、谁和他们进行对话，或者他们在路上可能会看到什么意外事件。所有这些无法控制的事件都会影响他们记忆的能力。另一方面，如果你在电脑上创建一个虚拟世界，把你的被试放在一个有房间和门的环境中，并让你的被试用鼠标或触控板在这些房间里"走动"，你就可以完全控制他们走路时发生的事情。诚然，"行走"的场景是虚拟的，但至少在大量的研究中，控制因素是非常重要的。此外，研究人员可能在本质上其实是电脑迷。

　　雷万斯基和她的同事们决定创造他们自己的虚拟世界，房间和门都使用相同的游戏引擎，而这个引擎曾被用于制作流行的电子游戏。雷万斯基所创造的"世界"与当今流行的许多游戏（有时需要花费数百万美元去创造）相比非常简单，但毕竟我们只需要几个房间和几扇门就能让被试"走"进去。

　　但是这个现象的另一个重要组成部分是什么呢——从一个房间到另

一个房间你需要记住的内容。在现实世界中，你可能会离开一个房间，进入另一个房间，因为你需要去拿你的手机、一本书，或者喂你的猫。我们如何在虚拟世界中重塑这个想法？雷万斯基所做的是给她的被试一些物体，当他们从一个房间移动到另一个房间时，他们必须"拾起"这些物体，如几何物体——三角形或正方形的物体。被试走到一张桌子前，拿起一个物体。就在这时，那个东西从他们的视野中消失了，好像他们把那个东西放进了他们随身携带的袋子里一样。然后他们被要求走到一扇门前，打开门，进入另一间虚拟房间，当他们到达新房间时，他们被要求回忆他们在前一间房间里捡到的东西。其他被试也拿起一个物体，穿过了相同数量的虚拟空间，但在这个过程中被试并不需要打开一扇门。

猜猜发生了什么？拿起一个物体和其他人走进隔壁房间，被问及他们在之前的那个房间里拿了什么东西的被试花了更长的时间才说出答案，并且答题的准确率远低于走过了相同的虚拟距离，只是没有打开一扇门的被试。

这就是为什么雷万斯基认为我们的记忆中有一个"事件"组件。这就是说，当我们在一个物理空间里时，我们可以记住我们所做的，但是，当我们进入一个新的房间并面临新的事物时，我们的大脑会部分"清空"在之前空间里我们做过的事情或一些想法。我们的大脑有可能想腾出更多的"空间"来应对在新的空间将要发生的事情。

▶ 让我们试一试

好吧，那么你怎么才能复制这项研究呢？尤其是如果你不是像雷万斯基那样的电脑游戏程序员的话？你可以用传统的方法来复制这个研究，让你的被试去散步。你将需要如下这些条件。

- 你将会使用一个两组的设计，所以如果每个组有 10 名被试，那就再好不过了
- 有门隔开的几个房间。你可以使用你的房子，并将你的客厅、书房和卧室当作你的实验空间。（尽量减少让你分心的干扰。不要开着电视，尽量远离可能与你的被试互动的人。）
- 有长长的走廊或没有门隔开的房间
- 4 个小物件，让你的被试将其放进背包携带。例如，一个空的牛奶纸盒、一组车钥匙、一个小记事本和一个闹钟
- 4 张可以放置这几个小物件的桌子
- 4 个没有封口的大盒子，你可以把它们盖在物体上来隐藏它们
- 背包或大件行李
- 秒表
- 剪贴板，用一张纸记录你的数据

怎么做

现在让我们看看实验的两个条件，如下所示。

A 组（穿过房间的门）

第一步：在每个房间，把一个物体放在桌子上的一个盒子下面，这样它就被藏起来了。

第二步：让被试从第一个房间的一个角落开始进行。把背包给他。让他走到桌子旁边，把盒子下面的东西拿起来，放到背包里。然后他应该走到门口，打开门，进入隔壁房间。

第三步：如果你是唯一一个进行这项研究的人，你就必须跟随每一个被试从一个房间走到另一个房间，并准备一个剪贴板来记录你的题目的答案。把你的秒表准备好（在你身边或背后）。当被试走进隔壁房间时，问他："你的背包里装的是什么？"你一问完问题就需要开始计时。一旦你的被试回答问题（对或错），你就需要按下秒表，让它停止计时。在你的剪贴板上写下如下内容。

1. 被试编号（从 1 开始，根据多少个被试来编排）。

2. 你所在的房间号（例如"1号房间""2号房间"等）。

3. 你的被试所说的放在背包里的东西。

4. 你的被试给你一个答案所花费的确切时间（精确到百分之一秒）。

第四步： 把背包里的东西拿出来放在地板上。告诉你的被试到隔壁房间去拿物品。

B 组（步行，但没有门）

该场景和之前的几乎一模一样，只是你的被试不会穿过任何一道门。在理想情况下，他们从一张桌子走到另一张桌子的距离应该是直线的（与前一组实验大致相同的距离）。如果这是不可能的，你仍然可能得到与雷万斯基相同的结果，即便你的被试必须在走廊里转几圈。

第一步： 在走廊里放置4张桌子，它们之间的距离需大致相同。在每张桌子上，摆放一个盒子，并用盒子盖住一个物件，这样物件就隐藏起来了。

第二步： 让你的被试从走廊的尽头出发。把背包给他。让他走到第一张桌子前，把盒子下面的东西拿起来，放到背包里。然后他需要直接走到邻桌。

第三步： 准备好一个剪贴板来记录你的被试的答案。准备好你的秒表（在你身边或背后）。被试一到邻桌就问他："你的背包里装的是什么？"你一问完问题就需要开始计时。一旦你的被试回答了问题（对或错），你就需要停止计时。在你的剪贴板上写下如下内容。

1. 被试编号。

2. 桌子的号码（例如"2号桌""3号桌"等等）。

3. 你的被试所说的放在背包里的东西。

4. 你的被试给你一个答案所花费的确切时间（精确到百分之一秒）。

第四步： 把背包里的东西拿出来放在地板上。告诉你的被试走到下一张桌子前拿下一件东西。

▪ 结 果 ▪

你可能会发现你的被试在每次被你问到的时候都能准确地记住他们背包里装的是什么，但毫无疑问，如果他们刚刚走过一道门，你会发现他们需要更长的时间来说出背包里装的是什么。

为什么这个实验这么重要

科学家们喜欢解释发生在我们日常生活中的事情，而这项研究正是这样做的。当你向你的被试解释你所做的事情时，我敢打赌他们中的许多人都会点头说，"哦，是的，我有过这种经历。"你可以稍微简单地说明一下记忆的事件模型，他们可能会觉得这还挺有趣，但是仅仅有科学家支持他们的日常经验就足以给很多人留下深刻的印象。这项研究的一些实用的建议之一是，如果你要离开一个房间去做另一件事，在你离开这个房间之前，最好默念一两次为什么你要离开这个地方。这么做有助于把信息放进你的短期记忆中并保留更长时间，从而在你离开房间的时候，防止你的大脑"清空"所有信息，提升你记得为什么来到这里的概率。

实验7：轨迹记忆法——最强大的记忆技术之一

➡ **"哇！真不敢相信我居然记得那么多！"**

心理学概念：轨迹记忆法

实验名称：重复使用轨迹记忆法是否会产生干扰

原创研究者：罗萨纳·德·贝尼（Rossana De Beni）和切萨雷·科诺尔迪（Cesare Cornoldi）

我们大多数人都没有意识到我们实际上能记住多少东西。有许多记忆技巧（称为"助记术"）是大多数人都不太会去使用的。当你使用它们的时候，你会惊讶地发现，你很快就能记住一长串东西。轨迹记忆法（也称"loci 方法"）是一种视觉技术，最早是由希腊人发明的，你可以在脑海中想象房子或公寓的内部，然后想象房子里的物体。房子里的这些物体或"角落"就是你的"位置"（loci）。例如，你可以想象你的厨房。厨房里的每个物体都是你的一个"轨迹"。所以，当你在厨房里从左往右看时，你可能会看到一个橱柜、水槽、烤箱、冰箱等。你也可以想象你在自己的房子里走动，在每个不同的位置或物体上，试着把物体和你想记住的任何东西联系起来。然后，为了以后记住这些东西，你只需再在你的房子里走动一圈，你与每个物体（或房子里的位置）的关联将激活你的记忆。在这个演示中，我们将使用在超市中购买的食品列表，但是如果你在学校读书，有很多知识点需要记，你可以使用这个技巧。

原版实验

　　轨迹记忆法最早是由希腊人在几千年前发明的，但是你可以将德·贝尼和科诺尔迪做的一个很好的实验当作你自己的实验的起点。一组高中生接受了轨迹记忆法的训练，他们需要阅读一篇长文章。小组成员被要求使用这种方法来记忆阅读的要点。另一组高中生同样需要进行阅读，但他们没有接受轨迹方法的训练。他们只是被要求尽可能多地记住大多数人做的事情——重复练习。两组学生在阅读和训练结束后立即接受测试。一周后他们也对材料进行了测试。毋庸置疑，使用轨迹记忆法的那组的被试比重复组的被试记得更多。

▷ 让我们试一试

　　让我们在几个朋友身上试试这个记忆技巧。你需要先列出一份你希望你的朋友记住的事情的清单。让我们用去超市买些杂货的想法。让我们真正地扩展一下，列出 10 个项目。你可以自己想买什么就买什么，但我的建议是购买如下物品。

1. 面包	6. 冷冻比萨
2. 牛奶	7. 鸡蛋
3. 花生酱	8. 猫（狗）粮
4. 西兰花	9. 厕纸
5. 麦片	10. 胡萝卜

你还需要：

- 2 组被试
- 在纸上列出 10 项购物清单
- 空白记录纸
- 秒表
- 铅笔或钢笔

怎么做

A 组（轨迹法）

第一步：告诉 A 组的被试，你要让他们记住 10 个他们可能要在杂货店买的东西。你将给他们 5 分钟的时间来浏览清单。把你的秒表设定为 5 分钟，但不要开始计时。

第二步：向他们解释轨迹记忆法。在你解释完之后，让他们选出 10 个"地点"。这些地点可以是他们家里的房间，也可以是上学或上班路上经过的某个地点。如果他们在想象一所房子，让他们和你一起从地下室开始在房子里"散步"。让他们在走过每个房间的时候写下里面存放着的物品。以下是一些他们可能会选择的地方（或者你可以向他们推荐一些地点）。

1. 车库。

2. 地下室的某个地方，例如，燃油炉或空调机组。它必须是一个特定的地点，而不只是一个角落。

3. 通往一楼的楼梯。

4. 在楼梯顶端的房间里放一件物品——如果是厨房，那么炉子或冰箱就是一个不错的选择。

5. 到隔壁房间去。那里有什么？也许是一台电视机？房间里有餐桌吗？还是沙发？你当然可以挑选一个房间里的多个对象或物件。

6. 到二楼的房间去。如果那个房间是浴室，那么就选择卫生间或浴缸。

　7.通往二楼的楼梯。

　8.隔壁的房间可能是有床、衣柜和窗户的卧室，也可能是有书桌和台灯的书房。

　9.到隔壁房间去……你懂的。

　继续，直到每位被试的房子或公寓中都有 10 个独特的位置为止。在没有很多房间的公寓里，被试可以在每个房间里使用一些物品。对于厨房，他们可以使用冰箱、炉灶、微波炉、水槽和壁橱。客厅也一样——他们可能有一张沙发、一张边桌、一扇窗户、一把大椅子、一台电视等。这些物体中的每一个都可以被当作一个参照物，用来唤起他们的记忆。

　第三步：有趣的部分。轨迹记忆法的有效性在很大程度上取决于一个人的想象力。在这一步你就需要发挥充分的想象力了。被试现在的任务是在他们的头脑中创建一个图像，将他们的房子的某个位置与清单上的内容连接起来。他们可能需要你的一点帮助来制作这些图片。以下是对上述名单和地点的一些建议。

　1.面包——车库：让人们看到两个巨大的面包停在两辆车通常停留的地方的画面。

　2.牛奶——油燃器：假设油燃器里装满了牛奶。如果这个人想象有一些牛奶从炉子里溢出来，可能会有帮助。

　3.花生酱——通往一层的楼梯：想象楼梯上的每一节阶梯都涂满了黏糊糊的花生酱。

　4.西兰花——炉子：你可以想象炉子上有四个锅，每个锅里都装满了西兰花，或者炉子的门被强行打开了，里面装满了一堆烧焦的西兰花。

　5.谷物——电视：你可以想象电视上正播放着麦片广告，但这并不奇怪……场面越奇怪越好。你可以想象一碗碗的麦片被倒在电视机上，湿漉漉的麦片和牛奶顺着电视机流下来。

6. 冷冻比萨——餐桌：同样，你可以创建一个简单的图像，例如，想象桌子上有好几个盘子，盘子上是一片比萨，或者你可以选择更奇怪的。想象一下，桌子不是长方形的，而是三角形的，就像比萨片的形状，上面有一片很大的比萨。

7. 鸡蛋——到二楼的楼梯：想象一下，楼梯的每一级都有破鸡蛋。

8. 猫粮——楼梯顶端的浴室：你可以想象浴缸里装满了猫粮。

9. 厕纸——卧室：试着想象床上的床单是厕纸做的。

10. 胡萝卜——桌腿：想象桌子的腿是用胡萝卜做的。

第四步：一旦你的被试理解了轨迹记忆法，让他们用 5 分钟的时间来使用这项技巧记住列表上的项目。启动你的秒表，让他们走过去。

第五步：5 分钟过后，给 A 组的成员每人一张白纸，让他们尽可能写下他们能想到的所有单词。

B 组（对照组）

第一步：给这组人与 A 组一样的购物清单，告诉他们你会给他们 5 分钟的时间去看清单并试着记住清单上的内容。然后说"开始"，打开你的秒表开始记录。当然，你不会教他们轨迹记忆法，但你可能会发现，你的被试正在试图自己想出一些方法来帮助他们记住一些内容。一个非常著名的策略是试着用列表中每一项的首字母组成一个单词。无论你列出的项目是什么，确保这些项目的第一个字母不容易变成一个单词。

第二步：5 分钟后，给 B 组的成员一张白纸，让他们写下尽可能多的单词。

▪ 结 果 ▪

你要找的（科学家称之为"因变量"）是每个人正确回忆的列表项数。轨迹组很有可能回忆起所有或几乎所有的物品，而对照组只能回忆起其中的5 件物品。由于首因效应和近因效应（参见"你的记忆力比你想象的要好"一章），你的对照组可能会记住清单上开头的几件物品，以及末尾的几件物品。当我们面对大量的非功能性记忆时，往往会出现这种情况——我们能记住开头的一些东西，以及最后的几样东西。

我敢打赌你的轨迹小组成员会对他们能记住这么多东西而感到非常惊讶。这通常发生在人们学习如何使用记忆技巧的时候。你可以更深入地探究这个研究：等一个星期后，让你的小组成员尽可能多地将还有记忆的物体写下来。你可能会再一次惊奇地发现，轨迹组记住的东西最多。

为什么这个实验这么重要

你的记忆力比你想象的要好得多。你可能想在学校或工作中使用轨迹记忆法。许多人试图通过在记忆卡上写下术语和定义来记住他们在课堂上学到的东西。这可能是一个很好的技巧，但是学习者经常做的只是在脑海中反复地去回忆这些定义。这不会带来很显著的效果，因为信息不会一直在我们的脑海里。此外，在使用轨迹记忆法时，其实我们是在利用日常生活中自己熟悉的位置和奇怪的意象进行记忆，因此，在这一过程中，新的信息"粘"在旧的信息上，而新信息的形式（可视化）奇怪到足以让人回忆起来。下次当你有一份购物清单或在课堂上要记住一些重要知识点时，请试着使用这个技巧。

实验8：如何提高工人的生产效率

➡ "努力工作还是拼命工作？"

心理学概念： 动机／目标设定

实验名称： 为受过教育和没受过教育的伐木工人分配任务或使其参与目标设定

原创研究者： 加里·P. 莱瑟姆（Gary P. Latham）和加里·A. 尤克尔（Gary A. Yukl）

激励自己和他人是心理学家面临的最严峻的挑战之一。你会在网上找到很多所谓的励志视频，它们确实令人鼓舞，它们也能让你想起床去工作。但这种影响通常是短暂的。这些视频看起来很有趣，但对你的日常生活几乎没有影响。

研究组织心理学领域的心理学家多年来一直与公司的经理们一起工作，帮助他们调动员工的积极性。但经理们希望寻找那些不仅仅是"兴奋"或心情好的员工。他们需要能够生产更多产品的员工（如果这些员工在制造业工作的话），或者能够加快生产速度或能够提高销售额的员工。如果你曾经在零售店工作过——也许是卖衣服或电子设备——公司希望你能成为一名优秀的销售员，并且你的销售额能够不断增加。 其他需要调动员工积极性的行业还包括汽车销售、房地产、保险和健身。很明显，给这些员工看激励视频并不能让他们每月都有动力去提高销售额。那么心理学家最有效的策略之一是什么呢？那就是设定目标。心理学家在许多不同的环境中进行了大量的研究，结果几乎总是一样的：有目标的人不一定能达到他们的确切目标，但他们总是会比没有目标的人表现得更好。在这个实验中，你可以自己证明这一点。

原版实验

1975 年，加里·莱瑟姆和加里·尤克尔进行了一项非常有名的研究，证明了目标设定的有效性。他们试图解决一个具体的问题：如何通过让工人更多地砍伐树木来提高他们的生产力（或者简单地说，砍伐更多的树木）。他们把一群伐木工人（那个年代叫"锯木工"）分成三组。在为期 8 周的研究中，其中一组锯木工被要求每个人都给自己设定一个"高但可实现"的目标，以提高他们的生产力。第二组人则与他们的老板一起设定了很高但可以实现的目标。第三组没有设定任何目标，只需要在接下来的 8 周内"尽力而为"。结果那些给自己设定了有可能实现很高的目标的被试正是砍树最多的那一组。和老板一起制定他们目标的被试的表现比前者稍微差一些（这表明自己给自己设定目标通常是最好的），而那些没有设定目标且只是被告知"尽最大努力"的小组在生产力上没有显著的提高。这项研究对如今几乎每个行业的目标设定都产生了很大的影响。

▶ 让我们试一试

你可能不想砍树，也不想让你的朋友这么做，所以让我们采取一个稍微不同的方法。心理学家设计了一个非常有用的小任务：猜字谜。字谜是一个单词，它的字母可以被重新排列来创建一个不同的单词。"east"（东方）就是一个很好的例子。仔细看看构成这个单词的字母。你可以重新排列这些字母，创建单词 "eat"（吃）、"seat"（座位）或 "tea"（茶）。你可以很容易地在网上找到字谜列表——只要搜索类似 "字谜列表" 这样的关键词即可。但我们需要避免使用太短、容易辨认的词汇［如 "its"（它的）可以被重新排列成 "sit"（坐）］，同时也不要使用太长的单词如——"terrain"（地形），可以重新排列，组成一个全新的词汇——"trainer"（教练）。有些被试可能需要很长一段时间才能将复杂的单词重新组合成另一个单词。因此，在任何情况下，其实都没有必要使用难度太高的字谜。 我们在这个实验中关注的信息是一个人在一定时间内能解出多少个字谜，我们不想让任何人内心充斥着挫败感。

你首先需要的是 20 个字谜。 选择 20 个由相同数目的字母组成的单词。由 4 个字母组成的单词可能会成功，但如果所有的被试都能将几乎所有的字谜猜出来，那么你可能需要尝试使用 5 个字母组成的单词。你可能会用到的由 4 个字母组成的单词如下。

- salt（盐）last（最后）
- peat（煤岩）tape（磁带）
- sour（酸）ours（我们的）
- ream（欺骗）mare（母马）
- mace（权杖）came（传来）
- ring（戒指）grin（露齿笑）
- near（附近）earn（赚）
- tray（托盘）arty（附庸风雅）
- note（笔记本）tone（语气）
- veto（否决）vote（选举）

列表中的一些单词很简单，而另一些则较难，这就是你想要的——一项具有挑战性的任务。一旦你有了 20 个单词，你就需要先做一个 "初步研究"，把你的单词给那些你认为你的题目对其稍有难度的人。如果你希望这个人能够在 5 分钟内想出 10 ~ 15 个单词，而他能想出 20 个单词（全部），你就需要选择更难的单词。如果这个人只想出了其中的 1 ~ 5 个单词，你就需要选择更简单的单词。

一旦你有了单词列表，把这个列表打印出来之后，你就可以开始做实验了。以下是你做这个实验时需要准备的。

- 2 组被试
- 列出 20 个字谜词
- 纸和书写工具
- 秒表

怎么做

A 组

第一步：让每个被试都单独坐下。你可以在一个小组里做这个实验，但是有时候很难防止被试喊出答案或者互相交谈，这会毁了你的实验。

第二步：给你的被试一张纸，上面有需要重新排列的单词。给每个人一支铅笔或钢笔，让他们把答案写在单词的右边。如果他们想在背面涂鸦来尝试想出几个新的组合，这是没有问题的。

第三步：在你的被试开始之前，告诉他们，如果需要重新排列字母，你将给他们 5 分钟的时间来找出列表中每个单词能够组成的其他单词。告诉他们你想让他们在这段时间内想出 17 个单词。另外，告诉他们你会提醒他们时间，当过去两分半的时候你会提醒他们，这样他们就知道自己还剩多长时间了。

B 组（对照组）

第一步：与 A 组相同。

第二步：与 A 组相同。

第三步：这次不要要求你的被试在 5 分钟内想出 17 个单词。只要让他们在 5 分钟内"竭尽全力"，两分半的时间过去的时候也提示他们。

▪ 结 果 ▪

你应该可以得出莱瑟姆和尤克尔的结论：被设定目标的那组人应该比没有设定目标的那组人能想出更多的单词。如果这与你的结论不符，那就玩字谜游戏吧。记住，它们不应该太简单也不应该太困难。 你可以做的另一件事是两分半的时间过去时不要提示 B 组。这应该会让你得出和其他研究人员一样的结果。

为什么这个实验这么重要

首先我们要承认，激励别人或是你自己是非常困难的。设定目标就如同一种在各种情况下都能奏效的策略。大多数想减肥的人都会被鼓励设定一个具体的目标，但像"今年什么时候减掉一些重量"这样的目标可能不会有什么帮助。 如果你是一名学生，你正坐在那里学习，如果你花 1 分钟为接下来的 1 小时设定一个目标可能会有所帮助，例如决定下一个小时你想读多少页课本。确保你设定了一个具体的、高的（但可以实现的）目标，并且在你完成一半的时候确认一下时间，看看你的目标完成情况。目标设定是心理学家能够提供给那些真正需要完成任务的人的最有用的工具之一。

实验 9：如何提高自己的创新能力

➡ "有时候一支雪茄可以代表很多东西！"

心理学概念： 功能固着

实验名称： 驱动强度对功能固定性和知觉识别的影响

原创研究者： 山姆·格拉克斯伯格（Sam Glucksberg）

我们倾向于认为创造力是与生俱来的，你要么是一个有创造力的人，要么不是。我们之所以这样想，是因为我们把创造力的概念与艺术或音乐能力联系在一起。我们确实很难解释为什么有些人在这些领域能够天赋异禀，尽管某人的绘画能力或演奏乐器的能力更多的是经过长时间练习而培养出来的，而不是天生的。事实上，创造力是一种跳出思维定势的能力——以异于常人的方式去思考。即使这个定义听起来很复杂，但在你做了这个实验之后，你会对创造力的真正含义有更深的理解。

原版实验

衡量一个人的创造力是非常困难的一件事情，但在 1945 年，心理学家卡尔·邓克尔（**Karl Duncker**）提出了一种方法，他的这种方法很受欢迎。下面是对邓克尔简单的"谜题"的描述：假设我给你一盒大头钉、一根小蜡烛和一盒火柴，你需要只使用这些材料，找到一种把蜡烛贴在墙上的方法，并点燃它。被问到这个问题的人通常会被难住因此需要思考很长时间。有些解决办法（并不正确的）是把蜡烛钉在墙上。但我们都很明确，这些都是常规的大头钉，它们无法穿过蜡烛使蜡烛被钉在墙上。

解决这个问题的唯一方法是不要把盒子看成只够盛放大头钉的容器。为了解决这个问题，你需要把图钉从盒子里拿出来。

接下来，把盒子钉在墙上。然后点燃蜡烛，在盒子底部的中间滴一点蜡。然后吹灭蜡烛，把它插进蜡里，这样蜡烛就会直立起来。然后你可以重新点燃蜡烛。

由此你就会理解，在解决这个问题时，你为什么必须克服功能固定性的思维。你必须把这个盒子不仅仅看作一个可以放大头钉的盒子，你还需要将它看作一个可以用来支撑蜡烛的盒子。

山姆·格拉克斯伯格后来用邓克尔的想法做了一个实验，我们将在这里复制这个实验。它很简单：将"蜡烛问题"提前发送给一组被试（A组），就像刚才描述的那样，然后将大头钉从盒子中取出并将大头钉和盒子分别放在另一组被试（B组）面前。我们会发现B组的被试能够很快地解决问题。

▶ 让我们试一试

这不是一个很难复制的实验。你可以像格拉克斯伯格那样做。你需要这些东西：

- 2 组被试
- 4 ~ 5 个由纸或硬纸板制成的小盒子
- 10 ~ 12 个大头钉
- 12 根（约 15 厘米长）蜡烛
- 有火柴的火柴盒
- 秒表

怎么做

A 组

第一步：让你的被试坐在桌子旁，把材料放在他们面前，但要确保图钉在盒子里。

第二步：告诉他们你将问他们一个关于使用这些材料的问题，他们可以按照自己的意愿自行选择想要提问的材料。准备好秒表。如果他们询问关于秒表的问题，告诉他们你要记录在多少分钟内他们可以想出一个解决方案，但没必要着急，只需把准确的时间记录下来。

第三步：当他们准备好以后，问他们这个问题："只使用你在这里看到的材料，你如何将蜡烛连接到墙上并点燃它？"他们可能会大声重复问题，这没问题，但是如果他们再问任何问题，尽量不要泄露任何信息，坚持只提出这个关键问题。

第四步：告知他们可以开始，并且尽可能不引人注意地按下你的秒表（也许在桌子底下或者在你身边）。

第五步：只有一个解决方案（虽然多年来我也听到过学生们想出的一些非常不寻常的想法）涉及用火柴点燃蜡烛，把大头针从箱子里拿出来，滴一点蜡到盒子底部并将蜡烛底部粘上去，之后再将蜡烛和粘着蜡烛的盒子固定到墙上。当你们将解决方案的讨论到这个程度时，按下你的秒表记录时间。

B 组

第一步：和 A 组一样，你要让被试坐在一张桌子旁，把材料放在他们面前。但是，这一次大头钉不在盒子内。

第二步：和 A 组一样，告诉他们你要问他们一个关于这些材料的问题，如果他们愿意，他们可以挑选。准备好秒表。

第三步：在他们准备好以后，问他们这个问题："只使用你在这里看到的材料，你如何将蜡烛连接到墙上并点燃它？"与 A 组一样，这些被试可能会大声重复问题，但如果他们再问任何问题，尽量不要泄露任何信息

第四步：让他们知道可以开始了，此时你可以开始计时了。

第五步：当正确的解决方案出现时，按下秒表停止计时并记录结果。

▪ 结 果 ▪

你应该会发现，被试在 B 组想出解决方案（或非常接近的方案）的速度远远比 A 组的成员快。你通过将大头钉拿出来，直观地让被试明白了盒子可以成为盛放任何物体的容器，而不仅仅是盛放钉子的容器。如此小的改变就能改变一个人的思维方式，真是太神奇了。

为什么这个实验这么重要

创造力或者说不陷入功能固定性状态的能力，是一种我们可以培养的技能，在工作中非常有必要。员工们经常会有富有创造力的想法，但并不会真正将其付诸实践。然而，如果想在商店里销售新产品，唯一的方法就是看看现有的产品，并以不同的方式来思考如何销售新产品。未来的公司将依赖于员工的这种思考能力。所以让我们开始挑战自己的想法：观察一下普通的物品并想象它们还有哪些别的用途。

实验10：思维定势会限制你的思维方式

➡ "如何才能摆脱困境？"

心理学概念： 心理定势

实验名称： 心理定势的课堂实验

原创研究者： 亚伯拉罕·S. 陆钦斯（Abraham S. Luchins）

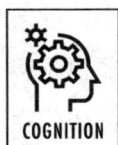

你有没有听过这样一句话："如果你只有一把锤子，所有的东西都会变成钉子。"它可以应用于许多不同的情况，但我们感兴趣的是，有时我们都用相同的"心态"来处理认知的新问题。也就是说，我们把旧的思维方式应用到与旧的思维方式毫无关系的新问题上。如果你正在处理一个问题——无论是课堂中的数学问题，还是你的车出了问题——你不知道如何解决它，你可能会对自己说："我被卡住了。"陆钦斯的实验距今已经70多年了，它是第一个证明我们如何进入一种精神状态，以及我们能做些什么来摆脱它的实验。就让我们一探究竟吧。

原版实验

由于人们在思考数学问题时经常会出现思维定势，因此陆钦斯用这类问题来展示思维定势的基本概念。他在研究中将两组学生当作被试。

其中一组被要求解决如下问题：

有一个空的 27 升的罐子、一个空的 3 升罐子还有一个大水池可以供你舀水或倒水，如一口井，你要得到正好 18 升的水。

这听起来像是你在读高中讨厌的数学问题之一。想要解决这个问题实际上并不难。陆钦斯对那些没有想出解决方案的被试的描述：

把 27 升的罐子装满。将其中的 3 升倒入较小的罐子中，这样大的容器中就剩下 24 升了。把 3 升的罐子倒空，再倒一次。现在这个大罐子里还剩下 21 升。再次装满 3 升的罐子，所需的 18 升就装在大容器里。

好吧，你会说，这里面包含了什么心理学知识呢？接下来陆钦斯是这样做的。他给一组被试多提出了 9 个问题，前 5 个问题使用这些相同的假设的罐子的水和每一个问题的解决方案是做相同的事情，你填满大容器，然后将大容器中的水倒入小容器，直到只剩下你所需的量的水为止即可。

最棘手的问题是第 7 题、第 8 题和第 9 题。他不需要做出详细说明，第 7 题和第 8 题可以用刚才描述的方法来解决，但是也有一种更简单的方法来解决它们。第 9 题不能用前面描述的方法来解决。为了解决这个问题，你必须想出一个完全不同的方法。

在解释发生了什么之前，很重要的一点是要知道陆钦斯的第二组（B组）知道第 7 题、第 8 题和第 9 题，但并不知道前 5 题。

那么接下来发生了什么？一组被试被要求解决前 5 个问题，并重复使用同样的方法（即先把大罐子装满水，然后把水倒进小罐子里），他们很难解决第 7 题和第 8 题——尽管这两个问题比他们已经解决的问题更简单！这个小组也花了很长时间来解决第 9 题，因为它需要被试运用完全不同于之前的思维方式。被试被"困"在了一种思维定势中。他们将自己在解决以前的问题的过程中奏效的方法应用在解决一个新问题上。

B 组的成员没有获得有可能被困住的机会，他们比 A 组的成员更快地解决了第 7 题、第 8 题和第 9 题（对他们来说这与第 1 题、第 2 题和第 3 题的解决方法相同）。

▶ 让我们试一试

我们可以用比陆钦斯的方法更有趣的方式测试这种"心理定势"现象。我们将使用一个模糊的图像。你见过看起来既像老妇人又像年轻女子的图像（如右图）吗？也有一些图片看起来既像鸭子又像兔子，还有既像花瓶又像人脸的黑白图片，一些人用它们来说明心理学现象。这里有一个既像老妇人又像年轻女性的形象图片供你使用。

我们要做的是"设置"一组人倾向于把这张照片中的形象看成一个老妇人，然后设置另一组人把这张照片中的形象看成一个年轻的女人。你将需要：

- 2 组被试
- 10 张年轻女性图片，大小相同
- 老妇人 / 年轻女子的图像（第 11 幅图像）

怎么做

A 组

第一步：让被试坐下，告诉他们你要给他们看 10 张图片，然后问他们认为第 11 张图片中有什么。

第二步：当他们准备好以后，简单地把 10 张年轻女性的照片放在你的拍摄对象面前。展示下一张照片之前等待约 5 秒。

第三步：在你放最后一张既像老妇人又像年轻女子的图片之前，告诉你的被试，你接下来要放的一个图片可能不是很清晰，但他们可以看一下，再猜一猜这张图片上到底是什么。

B 组

第一步：让被试坐下，告诉他们你要给他们看 10 张图片，然后问他们认为第 11 张图片是什么。

第二步：当他们准备好以后，简单地把 10 张老妇人的照片放在你的拍摄对象面前。展示下一张图片之前等待约 5 秒。

第三步：在你展示最后一张图片之前，告诉你的被试，你给他们看的下一张图片可能不清晰，但是，他们可以看一看，再猜一猜这张图片中到底是什么。

▪ 结 果 ▪

反复出现的年轻女人或老妇人的形象会让你的被试形成心理定势。看到年长女性照片的被试会将这张模棱两可的照片中的形象认定为年长女性，反之亦然。

为什么这个实验这么重要

如果你在生活中还没有过这种"我被困住了"的经历——感觉你就是不知道如何解决问题——那么在未来的某一天你会产生这样的感受。你可能已经用同样的方法反复地观察这个问题，就像你的被试在这个实验中所做的那样。那么，如何"打破"思维定势呢？也许最好的方法是散步。毫无疑问，你也听到过有人说他们不得不"睡一觉，第二天再说"。这也是个好建议。当你暂时从这个问题中解脱出来时，你的大脑就会"放松"一点，你就能以一种不同的心态重新审视它。

| **实验 11:** 注意到人群中有一张脸

➡ *"我永远不会忘记一张脸！"*

心理学概念: 识别情绪

实验名称: 不同文化中的面孔和情感

原创研究者: 保罗·艾克曼（Paul Ekman）和华莱士·V. 弗里森（Wallace V. Friesen）

复制 / 扩展名称: 在人群中找到一张脸——愤怒优势效应

复制研究者: 克里斯廷·H.汉森（Christine H. Hansen）和兰纳德·D.汉森（Ranald D. Hansen）

你是否想过，世界各地的人们看到一张愤怒的脸时是否能准确辨别出其情绪？如果是一张快乐的脸呢？这些情绪可能很容易辨别，但如果是皱眉呢？一张悲哀的脸呢？一张害怕的脸呢？也许你注意到，一个孩子在五六岁的时候，他的脸上经常出现困惑的表情。所以心理学家研究的课题一直是我们如何学会做这些表情，以及具有不同文化背景的人是否会以同样的方式改变他们的面部表情来传达同样的情感。艾克曼和弗里森在研究这个课题时发现了一些非常惊人的现象。在这一节中，我们将关注快乐和愤怒的情绪。

原版实验

艾克曼和弗里森认为人们都会识别某些特定的情绪，每个人，无论住在哪里，都能辨认出如高兴或悲伤、生气或厌恶的面部表情。为了证明他的观点，他们需要一群与外界联系非常有限的人当被试。他们想要那些没有接触过电视或电影的人。他们在新几内亚东南部高地发现了这些人。他们是福尔族人。他们除了接触自己民族的面部表情外，从未接触过其他任何面部表情。埃克曼和弗里森进入村庄，准备给他们的研究对象一个简单的任务：翻译人员针对目前正处在一种特定情绪中的一个人做了简短描述。研究人员给村民们看了有三张脸的照片。其中只有一张符合刚刚的描述。

这里有一个例子：这个描述（通常只是一个句子）是关于一个由于刚刚失去母亲而感到非常悲伤的孩子的。读完这句话后，被试会看到三张呈现出不同表情的人的照片，其中一张当然是悲伤的表情。在这项研究中，大多数人（80% ~ 90%）正确识别了这个表情。悲伤和愤怒是最容易识别的表情。来自闭塞地区的人的调查结果与来自开放国家的城市中的人没有显著差异。所以很明显，面部表情有一定的普遍性。无论在哪里长大，我们都会做同样的表情。

▶ 让我们试一试

我猜你没有机会接触从未接触过西方文化的人。那么，你如何看待这个面部表情的话题呢？有一个办法。请注意，愤怒是一种能够被许多拥有不同文化背景的人正确识别出来的表情。研究人员克里斯廷和兰纳德认为，其原因是你确实需要注意一张生气的脸。这是由于处于愤怒状态的人对你来说是一种潜在威胁。拥有快乐面孔的人可能不会令人担忧。所以从进化的角度来看，拥有不同文化背景的人都能非常准确地识别出愤怒的面孔，这并不奇怪。这是一项非常重要的生存技能。

克里斯廷和兰纳德做了一个有趣的实验，你可以自己做这个实验。他们给被试看一小群人的照片。在其中一部分照片中，大多数人都是笑脸；另一部分照片中的大多数人都露出愤怒的表情（大多数人，但不是所有人）。在快乐的人的照片中，有一个人很生气。在愤怒的人的照片里面有一个人是快乐的。研究人员向被试展示了一堆这样的照片，并让他们看是否能找到一个面部表情与其他表情不同的人。

他们发现了什么？他们的被试在快乐的人群中比在愤怒的人群中更快地找到愤怒的面孔。再次强调，发现愤怒的面孔是人类所拥有的一项非常重要的技能，显然，我们生来就有一种很容易就能识别出愤怒的人的倾向。

这项研究并不难复制，但正如你可能已经猜到的那样，你需要一些朋友和其他一些东西：

- 约 30 人作为拍照对象
- 照相机（或使用智能手机中的照相功能）
- 2 组被试（非人群成员）
- 秒表、纸、笔（用来记录答案）

怎么做

A 组（快乐人群中愤怒的表情）

第一步：拍摄 10 张人群的照片。邀请大概 30 个人，在你拍摄每张照片时让不同的人形成不同的组合（每张照片至少需要 9 个人，更多也可以）。每次拍照之前，除了一个人以外，其他人都展现出一张快乐的脸。你让其中一个人做出生气的表情，并确保那个人不要过分投入，即不要做出一个非常生气的表情（这会让被试的任务太容易完成）。你需要确保每张照片中做出愤怒表情的不是同一个人。为了确保出现在每张照片上的人看起来都不像同一拨人，你可以让组里的成员互相借对方的衣服，或者也可以在拍一张照片时穿夹克，在拍另一张照片时脱下夹克，以这样的方式进行。当然，如果你有 30 个人可供选择，你不需要每次都用同样的 9 个人。在有了照片之后，你就可以测试这个想法了（但你需要确保你的被试不是你的拍照对象）。

第二步：让被试坐下，准备好秒表。告诉每个人，你要给他们看 10 张照片，你想让他们看看这些照片，挑出他们认为和其他人的面部表情不同的人。不要告诉他们这个人很生气。如果他们认为没有这样的人，他们也可以说"不"。

第三步：给他们第一张照片，然后开始计时。当他们选择一个人的时候就停止计时。记下结果：他们花了多长时间才找到那个愤怒的人。如果他们认出了错误的人，或者找不到任何一张脸是"不同的"人，就把这个标记为错误。

B 组（愤怒人群中的笑脸）

第一步：拍摄你的 10 张人群照片，就像你为 A 组所做的那样。你甚至可以使用相同的人。只要确保一个人在别人生气的时候露出高兴的表情（而不是过度高兴）就可以。当你有了 10 张照片以后，你就可以开始做实验了。

第二步：让被试坐下，准备好秒表。告诉每个人，你要给他们看 10 张照片，你想让他们看一看，挑出他们认为不同于他人的面部表情的那个人。不要告诉他们这个人有一张快乐的脸。如果他们认为没有这样的人，他们也可以说"不"。

第三步：给他们第一张照片，然后开始计时。当他们选择一个人的时候就停止。把他们花了多长时间才找到那个微笑的人的结果记录下来。如果他们认出了错误的人，或者找不到任何一张脸是"不同的"人，把这个标记为错误。

▪ 结 果 ▪

我们简化了克里斯廷和兰纳德所做的研究，但希望你能得出与他们一样的结果：当一个愤怒的人和一群快乐的人在一起时，前者会更快地被发现。你可能还会发现 B 组（在愤怒人群中有一个快乐的人）中有更多的被试做出错误判断。作为人类，我们更容易注意到愤怒的表情，而不是快乐的表情。

为什么这个实验这么重要

这是众多支持进化心理学子领域的研究之一。心理学家发现，许多行为，甚至是我们如何选择伴侣都可以用进化论的某些方面来解释。在这种情况下，我们发现"在人群中找出一张脸"可能比你想象的要容易，尤其是当那张脸看起来会威胁到你的生命时！

实验 12： 如何更积极地思考生活

➡ "唱出你的问题！"

心理学概念： 认知疗法 / 认知解离

实验名称： 采用简单的认知重组和认知解离应对消极思想的技巧

原创研究者： 安德里亚斯・拉尔森（Andreas Larsson）、尼克・霍伯（Nic Hooper）、莉莎・A. 奥斯本（Lisa A. Osborne）、保罗・贝内特（Paul Bennet）和路易丝・麦克休（Louise Mchugh）

许多人认为，如果他们去看心理医生，他们将不得不谈论他们的过往，但事实并非总是如此。当你坐下来和心理医生谈论你正在经历的事情，以及你希望从治疗中获得什么之后，心理医生可以采取许多非常不一样的方法来帮助你解决你所遭遇的一切，这可能与探索你的童年没有任何关系。

我们都会静静地在脑海中"与自己进行对话"。我们思考这一天过得如何，或者某人对我们说了什么，以及这意味着什么。认知心理学家对你在一整天里对自己说的话很感兴趣。我们中的一些人倾向于用消极的方式去解释发生在我们身上的事情。当事情进展得不顺利的时候，我们可能会对自己说，"我做什么都不对"或者"我能有多愚蠢"如果你有这种倾向，心理医生可能会和你一起努力改变这种消极的思维模式。这个过程比一遍又一遍地重复一些积极的说法要复杂得多。真正的心理学家会寻找你的思维模式，他们会帮助你改变这些模式。

信不信由你，一个新的方法是使用一些流行的手机游戏来帮助你打造更积极的前景。你如何利用这些游戏来帮助人们的自我感觉变得更好呢？接下来让我们找出答案。

原版实验

安德里亚斯·拉尔森和他的同事们做了一项研究，他们让一组人写下他们在白天出现的一些消极想法，然后让他们用认知重组或认知解离来对抗这些消极想法。这听起来也许很复杂，但事实并非如此。

认知重组（或认知重建）包括把你的想法写下来，看看这个想法有多理性。例如，假设你有时认为你"不能做任何正确的事情"，心理学家会把这种想法称为"过度概括"。换句话说，你可能会把一件事搞砸了，但你真做不成"任何事"吗？你可能做了很多正确的事情。所以我们的目标是不要让你仅依据一次糟糕的经历就总结你的一生。所以你可能会被要求把这个想法重组成更现实的想法，例如，"好吧，我在这方面做得不好，但这不会影响我的余生。"这样做会让你远离消极的想法。

但还有另一种方法可以让你远离你的想法，并帮助你意识到这个想法是不现实的。这个方式就是用唱的，或者让兔八哥说出你的想法。是的，你没听错。如果你被要求唱这首歌——《我什么都做不好》（*I can't do anything right*）会怎么样？唱了几分钟这首歌（或者听到兔八哥说）之后，你会觉得这首歌很有趣，而不是很悲伤。这就是所谓的认知解离。有几个这样的"解离"技巧，但它们的目标是相同的：帮助你与你的错误想法保持"距离"。

所以，如果我们让你的一些想法听起来很傻，甚至让你自己也有同样的感受，也许我们可以让你少想一些负面的事情。让我们看看能否复制拉尔森的做法。

拉尔森把被试带到一个实验室，让他们写下对自己的一些想法，这些想法可以被形容为"非常消极""非常不舒服"和"非常可信"的。在这之后，他们被要求用 1 ~ 5 分的评分标准给每个想法打分。在 5 天的时间里，被试使用重组或解离消极想法的技巧来应对其消极的想法。每天的问卷调查评估了被试对负面想法的感受。拉尔森发现，与认知重组技术相比，认知解离更多地降低了消极想法的可信度，增强了人们的舒适感和产生这种想法的意愿。

▶ 让我们试一试

如果你在网络上搜索"语音变化应用程序"这个关键词，你会发现很多类似的应用程序。很多人不太敢在其他人面前唱歌，所以我们会使用这样的应用程序，让他们更容易做到这一点——让他们对着这个应用程序说话，并让这个应用程序把他们说话的声音变成一种有趣的声音。使用解离技术的治疗师会利用这些语音变化应用程序。

拉尔森的研究对象是那些感到非常沮丧的人，但我们不会让你的朋友透露他们的消极想法或感受，因为那是个人隐私。我们会给他们一些人们对自己说的典型的负面想法，并问他们认为这些想法会让另一个人感到多么不舒服。和拉尔森一样，我们将比较一下"重建"消极想法的效果，以及将消极想法转变成听起来很傻的想法的效果。

所以你需要的是：

- 2 组被试

- 智能手机里的语音变化应用程序，确保你熟悉该应用程序是如何工作的，并可以将被试的声音变成有趣的声音（一只兔子、一个机器人、一个僵尸的声音等）

- 将以下 3 个评价打印在一张纸的正面和背面："我每件事情都搞砸了""没有人会爱我""我是愚蠢的"。在每个语句下面空一行

怎么做

A 组（重组组）

第一步：让你的被试一个一个坐下来，让他们看其中一面的陈述。告诉他们，有些人有时会对自己说这些话。让他们选择一个 1 到 20 之间的数字，并对这个陈述造成的不舒服的程度进行评分，看看如果别人对自己说这番话，会有什么样的感觉。

第二步：当他们说完这番话的时候，和他们简单地聊一聊这番话有多荒谬。第一个是过度概括的例子——真的会有人把他们所做的每件事都搞得一团糟吗？第二个是黑白思考的例子——一个人是否会一生都不被人爱？第三个是标签——我们可能都会做一些不那么聪明的事情，但我们真的愚蠢吗？

第三步：演讲结束后，把试卷翻过来，让他们再给句子打分（分值范围是 1 ~ 20 分）。你可能会发现他们对这些陈述的评价稍微低一些。

B 组（解离组）

第一步：重复 A 组的步骤 1（展示陈述并要求被试对他们的舒适度进行评分）。

第二步：不要和这组人讨论这些陈述的不合理性。相反，在他们对其中一面的陈述进行评价之后，拿出你的声音改变应用程序。让他们利用该应用程序将每句陈述依次录到应用程序当中。然后将他们录制的声

音变成很有趣的声音（或使用某种程序让录音听起来像他们在唱歌）。

第三步：让被试听几遍录音。

第四步：对其他两个语句执行相同的程序。再把纸卷翻过来，让他们再给这些陈述打分（分值范围是 1 ~ 20 分）。

▪ 结　果 ▪

你可能会发现，解离组比重组组的评级变化更大。这表明解离组在心理上与这些消极的想法保持了一定的"距离"，这是一件好事。

为什么这个实验这么重要

重要的是，我们所有人都要倾听我们对自己说的话，并确保我们所说的是基于现实的。有时候，我们对自己说的话不可能是真的，如果我们把这些想法放在心上，只会让我们感觉很糟糕。但是，你在这个实验中会发现，其实有不同的方式可以使你与这种想法保持一定的距离。一个是更仔细地考虑你到底说了些什么，然后用不同的方式（重组）去说或仅仅通过用搞笑的声音（解离）去聆听这样的陈述并意识到这些话有多么不切实际。

实验13：精神病标签如何影响我们看待人的方式

➡ "棍棒和石头可能不会打断我的骨头，但标签可能会禁锢我"

心理学概念： 标签和精神病

实验名称： 在疯狂的地方保持理智

原创研究者： 大卫·L. 罗森汉（David L. Rosenhan）

复制/扩展名称： 语言和标签的力量："精神病"与"患有精神疾病的人"

复制研究者： 达西·哈格·格拉内洛（Darcy Haag Granello）和托德·A. 吉布斯（Todd A. Gibbs）

在心理学最著名的一项研究中，首席研究员、他的一名学生和他的几位朋友故意去精神病院，试图让自己住院。他们想测试一下这件事情的难易程度。他们还想知道，如果被录取后，他们的行为完全正常，工作人员会不会意识到他们犯了一个错误？他们能区分"奇怪"的行为和"正常"的行为吗？他们也想知道需要多久才能被释放。

所有这些问题都与标签的影响力相关。当我们给某人贴上标签，例如，"抑郁"或"精神分裂症"以后，我们还能以其他方式看待这个人吗？如果一个抑郁的人能够克服抑郁，他会被认为是个"正常的"还是"从前抑郁的"人？在我们如何看待人的方面，标签有多大的影响力？

原版实验

　　罗森汉和他的七名同事在去精神病院之前约定好，他们会对精神病院的人说同样的话：他们听到了"虚幻的""空洞的"和"砰的一声"。经过初步诊断，他们都被收治入院了。其中几个人被诊断为患有精神分裂症，一个人被诊断为患有躁郁症（如今我们称之为"双相情感障碍"）。入院后，他们表现出的行为都很正常。他们每天都做记录。结果，他们的住院时间从一周到两个月不等。至于他们的笔记——一些工作人员认为这是一种强迫性的行为。一旦他们被释放，医院就会认为他们的精神状况"正在康复"。

　　这项研究引起了心理学界对标签效应的高度关注。精神病学标签被认为是重要的，因为它们能帮助精神卫生工作者更好地了解一个人正在遭受的痛苦，以及治疗这种情况的最佳药物或疗法。想想看：如果一位医生无法说出一个能够形容你的状态的术语，你还会不会相信他？然而，标签的问题是它们可以"粘在一起"，我们很难把一个人想象成一个人而不是一个标签。同样，患有阑尾炎的患者接受治疗后通常会被认为是健康的。我们需要意识到的是，仅仅因为我们之前给一个人贴上了心理障碍的标签并不意味着他不能康复。

　　让我们看看标签在这个实验中发挥着多么强大的作用。我们稍微修改了求职者的自我描述。

让我们试一试

我们将使用一种简单的、经常被研究者使用的数据收集技术，阐明我们的长相、种族、民族，甚至面部表情如何影响人们对我们是否适合一份假想工作的看法。关于一个人的情况，例如，他的种族或长相，不应该和我们认为他有多适合这份工作有任何关系，但是这些特征确实起到了一定作用。

你将需要：

- **2组被试**
- 2个虚拟申请人的相关描述（见下文）

你需要做的就是告诉你的被试，你想知道他们觉得这名求职者会在工作岗位上有多成功。我们将使用一个大家可能不太熟悉的职位名称：营销经理。

怎么做

A组

第一步：你可以编造对求职者的描述，但这里有一个例子。注意在这段描述中珍妮特是一位"精神病患者"。

珍妮特20多岁，是个外向的人。她获得了市场营销学位。在读大学期间，她是学校营销俱乐部的成员，并担任了该俱乐部的主要筹款人。在那段时间里，她领导了许多筹款活动。她参加了两场营销会议，并尽可能多地了解这个领域。高中时，她成绩优异，是学校游泳队的一名运动员。她的父母在她12岁的时候离婚。有一段时间她有点"孤僻"，于是她被带去看心理咨询师，并在接下来的一年里接受心理治疗，帮助她对抗抑郁症。之后，她能更好地平衡家庭和学校生活。虽然她是一个患有心理疾病的人，但是她在大学里表现得很好，对营销和销售的职业充满热情。她刚在波士顿买了一套公寓，正满怀希望地找工作。

第二步：把市场经理的职位头衔放在页面的顶部，然后打印一张纸，上面有你的描述。

第三步：一次处理一个主题，让你的被试阅读描述，并给珍妮特打分（分值范围为 1 ~ 10 分），以表明她在这份工作中可能有多成功（1分表示一点都不成功，10 分表示非常成功）。如果你的被试说，由于没有更多的信息，或者没有见过"珍妮特"，他觉得自己无法做出准确的决定，那就让他凭直觉选择一个数字。

第四步：在被试给你一个数字后，谢谢他，然后继续下一个话题。

B 组

第一步：B 组也有对珍妮特的描述，但正如你在这个例子中看到的，对她的描述略有不同："她是一个患有心理疾病的人。"

珍妮特 20 多岁，是个外向的人。她获得了市场营销学位。在读大学期间，她是学校营销俱乐部的成员，并担任了该俱乐部的主要筹款人。在那段时间里，她领导了许多筹款活动。她还参加了两个营销会议，并尽可能多地了解这个领域。高中时，她成绩优异，是学校游泳队的一名运动员。她的父母在她 12 岁的时候离婚。有一段时间她有点"孤僻"，于是她被带去看心理咨询师，并在接下来的一年里接受治疗，帮助她应对抑郁症。之后，她能更好地处理在家庭和学校中遇到的问题，虽然她患有心理疾病，但她在大学里表现得很好，对市场营销和销售充满热情。她刚在波士顿买了一套公寓，正满怀希望地找工作。

第二步：一次挑选一个主题，让你的被试阅读描述，并给珍妮特打分（分值范围为 1 ~ 10 分），以表明她在这份工作中可能有多成功（1分表示不成功，10 分表示非常成功）。

第三步：在被试给你一个数字后，谢谢他，然后继续下一个话题。

▪ 结　果 ▪

　　为了消除标签的负面影响，心理健康工作者建议我们用那个人"患有心理疾病"，而不是说他们是"患有心理疾病的人"。这将会影响这个人在别人眼中的形象。你可能会发现，当珍妮特被描述为"患有心理疾病的人"时，你的被试对她的评分比她"患有心理疾病"时略低。

为什么这个实验这么重要

　　与患阑尾炎或流感的经历不同，在人们有心理问题并接受某种治疗后，社会往往不认为他们"治愈了"，即使他们的行为与其他人没有任何不同。这可能是因为精神疾病不是我们能够辨别的。当我们能辨别一个问题时，就更容易理解它。我们很难判断患有心理疾病的人是否已经痊愈。此外，我们都倾向于认为心理疾病是一种非此即彼的东西：你要么"正常"，要么"有病"。但事实并非如此。我们都在我们生活的不同时期面临着不同的困难。有时我们对这些问题的反应是极端的，有时是温和的。心理疾病不是非此即彼的，重要的是我们不能因为某人在接受心理医生的治疗而歧视他。

实验14：日常用品的设计

➡ *"当心那个热炉子！"*

心理学概念： 人为因素 / 自然映射

实验名称： 日常用品设计

原创研究者： 唐纳德·诺曼（Donald Norman）

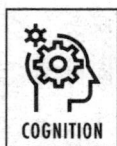

你是否曾经访问过一个网页，却不知道该点击哪里？那肯定是一个设计很差的网站。还有另一种情况：在浏览一个设计非常好的网站时，你会发现自己遵循一组"点击这里"的按钮，然后在你意识到之前，你已经购买了一些东西。这是一个设计良好的网站（至少从网站拥有者的角度来看是这样的）。信不信由你，设计者在设计你每天与之互动的事物的过程中会运用很多心理学因素。苹果公司已经取得了很大成功，部分原因是该公司设计的产品看起来"直观"。你知道如何使用这些产品，通常不需要参考手册。

我们要做一个小实验来向你展示炉子的设计是如何影响人们的行为的。心理学家和灶台之间有什么关系？相信我，你会惊讶的。

原版实验

你购买的大多数产品都是经公司做过测验的。大公司会雇用实验心理学家来观察人们在与产品互动时的实际表现。在这项研究中，我们将着眼于炉子燃烧器和旋钮的设计。在通常情况下，炉子的旋钮只是在炉子的前面排成一排，这是设计炉子的一种简单方法，但问题是炉子上的燃烧器不是并排排列的，而是排在另一排后面。因此，研究人员所做的是预先让人们使用按通常方式设计的炉子（左下）。另一种炉子的设计更加"自然"，也就是说，炉子的旋钮与炉子的排列完全相同（右下）。

上右　下左　上左　下右

实验非常简单，研究人员让被试站在炉子前，让他们打开一个特定的燃烧器。研究人员会通过录视频将这个过程记录下来，然后研究人员记录下这个人找出哪个旋钮控制哪个燃烧器的时间（通常是百分之一秒）。我们的目标是让这个时间尽可能短一些。

▶ 让我们试一试

你可以直接复制这项研究。首先，你需要唐纳德·诺曼在他的研究中利用两个灶台的图片。这些图片其实很容易找到。你可以去当地卖炉子的商店。你会发现有些设计很差，就像第一张图片一样，有些设计更"自然"。或者你也可以在网上搜索"自然映射灶台"。你将会看到之前展示的两个炉子，以及配备了更多燃烧器和旋钮的其他款式的炉子。你需要在不同的纸上打印出"好"炉子和"坏"炉子的图片。

你将需要：

- 2 组被试
- 精心设计或"自然"设计的灶台照片
- "烂"设计的照片
- 铅笔
- 秒表

怎么做

A 组

第一步：把你的秒表归零。把你的"好"炉子的图片翻过来放好，这样你的被试就看不见了，将你的铅笔准备好。

第二步：让你的被试单独坐在一张桌子旁，告诉他们你要给他们看一张有燃烧器和旋钮的炉子的图片。你要指向一个特定的旋钮，让他们指向旋钮控制的燃烧器。在你开始之前，记得回答提出来的任何问题。

第三步：当被试们说他们准备好了以后，把纸翻过来，指着左下角的旋钮（你可以说"那个"），然后开始计时。他们很快就能找到正确的燃烧器。事实上，他们可能会觉得这个任务看起来很简单，并且想知道你到底想要什么。你可以通过向他们展示"好的"炉灶图来解释你在做什么。但一定要确保他们不会告诉别人你在做什么。

第四步：记录下他们使用的时间（很可能只需要一两秒钟，所以你要确保即便是十分之一秒也要做一个详细的记录），如果他们选错了，写下一个"×"；如果他们选对了，写一个"√"。

B 组

第一步：把你的秒表归零。这一次把"烂"炉子的图片翻过来放好，这样你的被试就看不见它了，把你的铅笔也准备好。

第二步：让你的被试单独坐在一张桌子旁，告诉他们你要给他们看一张带有燃烧器和旋钮的炉灶的图。你要指向一个特定的旋钮，让他们指向旋钮控制的燃烧器。

第三步：在他们说准备好了以后，把纸翻过来，指着左边的旋钮（你可以说"那个"），然后开始计时。

第四步：你可能会很惊讶地发现，他们检查图像时看起来是多么困惑。他们可能会先说"嗯……"，然后再决定指向哪个燃烧器。你需要记录秒表上显示的时间，如果它们指向错误的燃烧器，用 × 代替对号。

▪ 结　果 ▪

毫无疑问，你会发现 B 组的被试所用的时间更长，甚至在这组中可能会出现错误。如果有人在观察"自然"炉灶设计时犯了任何错误，那么这肯定是令人惊讶的。

为什么这个实验这么重要

很明显，家用电器设计对企业是非常重要的，尤其是那些发热或产生火焰的产品——需要便于操作以及确保人们能正确操作。但是想象一下飞机的驾驶舱，有数百个刻度盘和许多开关，这对飞行员来说就是一项挑战。多花几秒钟时间弄清楚灶台的旋钮是控制哪个燃烧器的这件事可能会有点烦人，但如果飞行员在驾驶飞机时花太长时间做决定或做出错误决定，后果就会不堪设想——生命受到威胁。我们下次坐飞机时可以想想这一点。一位心理学家很有可能参与设计了驾驶舱。

实验 15： 不只是情人眼里才会出西施

➡ "嘿，好看的皮囊！"

心理学概念： 人际吸引

实验名称： 美的就是好的

原创研究者： 凯伦·迪翁（Karen Dion）、艾伦·伯切德（Ellen Berscheid）和伊莱恩·沃尔斯特（Elaine Walster）

有趣的是，在不同的文化中，人们都认可外在美。你认为某人有吸引力的倾向甚至可以归结为数学社交公式。我们发现，当一个人的身体比例符合特定的比例时，他们往往会被许多人视为是有吸引力的。美丽的人周围似乎也有一种光环。也就是说，我们经常假设一个漂亮的人有其他令人向往的人设，例如，诚实和乐于助人。20 世纪 70 年代初，凯伦·迪翁、艾伦·伯切德和伊莱恩·沃尔斯特率先进行了这项研究。

原版实验

迪翁和她的同事们收集了 100 张年鉴照片给大学生们看，并让他们给照片中每个人的魅力打分。研究中使用的照片是那些被给予很高（有吸引力的人）、一般（吸引力在平均水平）或很低（没有吸引力的人）评分的照片。然后，研究人员让另一组学生看这组被选中的照片。那一组被问及照片中的人可能具有的其他品质，如可信度、善良、利他主义和友好。其结果并不令人意外，有吸引力的人被认为具有各种积极的品质。让我们一起看看怎么把这个结果运用到一个实验当中。

▷ 让我们试一试

为了重现这项研究的主要发现，你需要一张有吸引力的人、一个长相平平的人和一个不漂亮的人的照片（肩膀以上的照片就可以了）。最好是找一些不太出名的人的照片。你可以通过网络搜索到这样的照片。当然，最好不要用你的朋友的照片。没人想知道你把他们归为"一般"还是"不吸引人"的一类。有吸引力的人的照片不需要过于迷人。同样，长相平平的人不应该是脸上有明显疤痕或面部畸形的人。你不想让你的被试知道你在做什么。

以下是你需要的材料：

- **20 名被试**
- 有魅力的人的照片
- 相貌平平的人的照片
- 3 个信封，每个信封的尺寸需要足以装下 1 张照片
- 每名被试需要 4 张纸（那么总共需要多少张纸，将取决于有多少位被试）
- 为被试提供编写工具

怎么做

第一步：拍 3 张照片，分别贴在对方面部下方："1 号人物"（吸引力在平均水平）、"2 号人物"（没有吸引力）和"3 号人物"（有吸引力）。

把照片打印出来，并把 3 张照片分别放在 3 个信封里。

第二步：把你要问的问题分别写在 3 张纸上。让我们使用与作者使用的相同的个性特征。以下是研究人员使用的 6 个特征，以及 1 ~ 10 分的评分等级。

沉闷的	**1 2 3 4 5 6 7 8 9 10**	令人兴奋的
冷漠的	**1 2 3 4 5 6 7 8 9 10**	温暖的
无趣的	**1 2 3 4 5 6 7 8 9 10**	有趣的
天真无邪的	**1 2 3 4 5 6 7 8 9 10**	久经世故的
不真诚的	**1 2 3 4 5 6 7 8 9 10**	真诚的
不是很聪明的	**1 2 3 4 5 6 7 8 9 10**	非常聪明的

现在你有 3 张纸，分别是对应三个人的，每张纸上都列出了 6 个问题。

第三步：在第四张纸上，你将提出 3 个问题，与研究人员用来确定漂亮的人是否被视为更有成就感的人的问题类似。这几个问题如下所示。

• 这三个人中谁最有可能离婚？

• 哪个人可能是最好的父母？

• 哪个人最有可能在他们的职业生涯中获得成功？

第四步：让你的被试从信封里拿出一张照片，看着照片中的人，然后对 6 个特征的每一项进行评分。

第五步：在他们给 3 张照片评完分后，问第三步中列出的 3 个问题，并在每个问题旁边写下他们选择的人的号码。

▪结 果▪

你应该会发现，有 20 个被试的实验就能得到与原创实验差不多的结果。

把每张照片的性格评分的平均分计算出来，使用的方法是把每个特征的评分加起来，再除以被试的人数。你可能会发现，在令人兴奋、热情、有趣、成熟、真诚和非常聪明等方面，漂亮的人的照片比其他两个人的照片得分更高。你可能还会发现，有魅力的人不太可能被选为离婚对象，而更有可能被选为最好的父母，并且拥有成功的职业生涯。

为什么这个实验这么重要

我们生活在一个颜值当道的社会，这是很难逃避的现实。正如这项研究和其他许多研究表明的那样，美丽的人被认为具有许多美好的品质。奇怪的是，在一种情况下长得美可能是一个劣势：那就是如果你用你的美貌来帮助你犯罪。一项研究表明，一个男人的照片和通过假装维持恋爱关系来骗取年长女性钱财的描述被一起公之于众时，如果这个男人长得帅，就会被判处更长的刑期。所以外表优秀是一件很好的事情，只是请不要用你的外表来利用别人。

实验 16：角色如何在深层影响我们

➡️ **"你是你所扮演的角色吗？"**

心理学概念： 社会角色

实验名称： 模拟监狱中囚犯和看守的研究

原创研究者： 克雷格·W. 黑尼（Craig W. Haney）、W. 柯蒂斯·班克斯（W. Curtis Banks）和菲利普·G. 津巴多（Philip G. Zimbardo）

复制/扩展名称： 反思暴政心理学——BBC 监狱研究

复制研究者： 斯蒂芬·雷彻（Stephen Reicher）和亚历山大·哈斯拉姆（Alexander Haslam）

你扮演过角色吗？如果你从未在学校戏剧社或当地剧院的作品中出现过，你可能会认为你从未扮演过任何角色。但是我们一直在扮演角色。你担任过俱乐部的主席吗？也许你是当地运动队的裁判、保姆抑或是老师，这些都是角色。我们将这些称为"角色"的原因是，大家都对这些角色有行为的预期。如果你是一名"老师"，你会觉得维持课堂秩序和确保学生集中注意力听你讲课是你的工作。如果你是一个保姆，你知道孩子的父母期望你能无微不至地照顾孩子。俱乐部主席应该是严肃且外向的。我们可能没有这些特质，但当我们扮演一个角色时，我们必须按照我们熟悉的方式行事。

但你是否需要比演员更投入呢？当你的角色扮演不太顺利时，教室里的孩子们就不会把注意力集中到你身上，宝宝在调皮捣蛋，而俱乐部的成员似乎并不尊重你，这在更深层次上"伤害"了你吗？这些只需要我们暂时扮演的角色真的会对我们产生深远的影响吗？津巴多的研究很难被完全复制，但雷彻和哈斯拉姆做了与津巴多所做的类似的研究，他们在"BBC 监狱研究"中发现了一些有趣的结果。但就我们的目的而言，我们将关注角色对我们的情绪的影响。

原版实验

津巴多和他在斯坦福大学的同事想要回答这些问题。他们决定在监狱环境中使用"囚犯"和"警卫"的角色。他们在校园的一处地下室里建造了一个假监狱。他们选择了 24 名男学生，随机分配给他们"囚犯"或"警卫"的角色，并给"囚犯"们分配了编号以及酷似囚服的衣服，而"警卫"们则得到了制服和深色太阳镜。起初，狱警们把"囚犯"关进牢房，按照他们认为自己应该扮演的角色来做事。一开始气氛很好，但几天后，情况发生了变化。狱警们对囚犯们变得非常苛刻，囚犯们开始做真正的囚犯应该做的事情——对狱警大喊大叫、咒骂他们、不按他们说的去做。除了这些行为之外，很明显，学生们正在以一种非常深刻的情感方式"扮演"这个角色。他们变得非常沮丧和愤怒，许多人不得不提前退出研究，因为他们的情绪反应很强烈。显然，当我们扮演一个角色时可能不仅仅是"做你应该做的事"，扮演这个角色会对我们产生影响。

▶ 让我们试一试

有一种方法可以探索角色对我们的情绪的影响，而不会像斯坦福大学的研究那样严重惹恼任何人。让我们用一个你在学校可能很熟悉的情况：必须和其他学生一起完成一个小组项目。学生们通常不喜欢分组工作，因为通常一两个学生需要做大部分的工作，而其他学生则可以偷懒。心理学家称这种现象为"社会性懈怠"。解决这个问题的一个方法是让小组中的每个人都扮演一个角色。典型的角色是"领导者""计时员""记录员"和"故意唱反调的人"。这些角色会帮助团队成员保持专注和更高效。

你将需要：

- 4 位朋友
- 秒表

怎么做

第一步：把你的一些朋友聚在一起，告诉他们，你想让他们作为一个团队在 5 分钟的时间内想出尽可能多的砖的用途。这个想法（"一块砖可以有多少种用途"）在研究中很常见。你可以使用另一个主题，但你需要让你的小组成员合作完成。

第二步：私下为每个人分配以下角色之一。你可以把这些写在一张单独的纸上送给你选择的人。确保没有人知道其他人的角色是什么。

1. 你是组长，对自己的想法充满热情。

2. 你是团队的计时员，你认为自己的工作非常重要。

所以要经常提醒人们这一点（同时告诉他们活动还剩多少时间）。

3. 你是团队中"唱反调的人"，你需要确保你提出的任何想法都受到批评。你还要指出每一个想法的不足之处。

4. 你是团队的笔记员，你负责记录每个人的想法，但是要记住，如果不是你的想法，你会认为这个想法很糟糕。

第三步：在和每个人都私下谈论了他们的角色之后，让所有人围在一张桌子旁，告诉计时员，当他准备好时说"开始"。

结 果

当5分钟结束时，你可以看看他们写下的想法，但你更感兴趣的是他们对彼此的感觉。让每个人都说出他们被分配了什么角色，并让他们描述自己对团队中其他人的感觉。我打赌你会发现很多问题。领导可能觉得"唱反调的"人很烦人。"唱反调的"人可能觉得记笔记的人很讨厌，而计时员可能会惹恼所有人。小组成员被分配的角色只是暂时的，但尽管如此，人们真正进入角色之后是会有所触动的。

为什么这个实验这么重要

我们通常都认为别人的行为是由他们的个性决定的。我们发现，有时候我们之所以这么做，是因为我们认为我们应该这么做，以履行我们被赋予的角色的职责。因此，我们会认真对待这份工作。斯坦福大学监狱研究已经得到广泛应用，例如，研究战争中的虐俘行为。施虐者在参军时都是普通人，但他们的行为却很不正常，甚至让人难以接受。他们的行为是出于本能还是受警卫角色的影响呢？

实验17：你真的很努力，但并没有变得不同

➡ "我放弃了！"

心理学概念： 认知心理学

实验名称： 未能逃脱创伤性休克

原创研究者： 马丁·塞利格曼（Martin Seligman）和史蒂文·迈尔（Steven Maier）

复制/扩展名称： 50岁时的习得性无助：来自神经科学的见解

复制研究者： 史蒂文·迈尔（Steven Maier）和马丁·塞利格曼（Martin Seligman）

为什么我们会时不时地感到"沮丧"？为什么其他人经常有这种感觉？当你有这种感觉的时候，你能做些什么来让自己感觉好些呢？人类所有的行为和情感都是由很多原因造成的。认知行为心理学家试图通过关注你过去的经历和你目前的想法来回答这个问题。如果在过去你试图摆脱困境，而你却没有成功，你会不会抱着无助的心情去面对今天的新困境呢？你是否"学会了适应无助"？如果是这样的话，也许下面的方法能够使你感觉好一点，帮助你拥有今天的成功经验以及帮助你更能意识到你对自己说的很多负面的话。也许有一种方法可以让你感到不那么无助——这就是迈尔和塞利格曼50多年来一直在研究的。

原版实验

塞利格曼和他的同事们想知道，如果狗被置于无法逃脱的困境中会发生什么。他们设计了一种笼子，笼子的底部是用铁丝铺成的，他们在这些铁丝上通上电进而产生温和但肯定会让人不太舒服的电击。其中有些狗可以通过跳到没有电的笼子里来躲避电击，而其他狗不管做什么都逃不掉这一打击。

那么之前被放到"无法逃脱"的境遇的狗如果被放置在可以跳到笼子的另外一侧逃脱电击的情况下，它们会怎么做？它们会跳到安全区域吗？答案是否定的。它们已经通过之前的经验得知，它们是无法改变自己命运的，即使在现在的新环境下，它们也没有做任何事情来试图逃离。它们已然习得了无助。

▶ 让我们试一试

有一种方法可以让我们在不惊动狗的情况下测试这个想法。塞利格曼和迈尔的研究背后的关键思想是，狗被置于一个不舒服的环境中，无论它们如何努力，都无法逃脱。我们可以让我们的朋友参与这个实验，当然是要用充分尊重他们的方式。

我们要做的第一件事是为我们的研究对象找一个有挑战性的活动。由于大多数人都熟悉字谜，所以经常被使用的活动是解字谜。字谜只是一个单词，它的字母可以重新排列成另一个或多个单词。例如，单词"canoe"（独木舟）中的字母可以被重新排列成单词"ocean"（海洋）。如果你在网上搜索"简单字谜和复杂字谜列表"，你会发现很多网站会给你提供可以在这个研究中使用的字谜列表。

这个实验你将需要：

- 8～10 位朋友
- 2 个相对简单的字谜，如 tubs（浴缸）和 bust（爆裂），vein（血管）和 vine（藤蔓）以及 agree（同意）和 eager（渴望）等
- 2 个比较难的字谜，如 signature（签名）和 a true sign（真实的符号）以及 dynamite（炸药）和 may it end（但愿如此）
- 中等难度的字谜，如 panel（仪表盘）和 naples（那不勒斯）

怎么做

第一步：将你的单词按照顺序进行排列之后打印到一张纸上，顺序的原则是：简单、简单、适中。列出 1～3 个单词，每个单词之间留 10 行空白。然后再利用一张纸，按照以下顺序列出你的单词：困难、困难、适中。同样，每个单词之间留出 10 行空白。

第二步：现在，让你的朋友们聚在一个房间里，告诉他们你要让他们猜一些字谜，你可能需要找出答案并给出一个例子。让他们坐在离彼此足够远的地方，这样他们就不会看到别人的纸上写了什么。

第三步：挑选一半的朋友提供其中一张纸，上面的单词按照简单、简单、适中的顺序排列。另一半应该得到另一份按照困难、困难、适中的顺序列出的纸。把纸面朝下放，这样他们就看不见是什么内容了。

第四步：告诉他们你马上就要说"开始"了，当你正式说开始的时候他们就可以把试卷翻过来，试着找出第一个字谜。当他们认为自己已经有答案的时候，他们不应该再去看下一个单词，而是把纸翻回去，同时举手示意。告诉他们，当大多数人都想好了的时候，你会喊"停"，那些没有完成的人应该把他们的卷子翻回去。没有人应该大声说出这个字谜是什么。活动结束的时候，你会告诉他们字谜的答案。否则，在这个活动期间，房间应该保持安静。

第五步：先问一下有没有任何问题，然后再说"开始"。当其中半数的人把试卷翻回去，举手示意（举手的人很可能是比较容易的那一

组）时，就说："停，每个人都把纸翻回去放好。"

第六步：然后说："当我说'开始'时，把你面前的纸翻过来，试着解第二个字谜。开始！"你可能会从你的团队成员的脸上看到一些受挫的表情。再一次，当大部分的人举起手来并把纸翻回去（可能还是那一组人）时，说："停，每个人都把纸上有内容的一面朝下放好。"你会从你的团队成员身上看到更多的疑惑和沮丧。

第七步：接下来说："当我说'开始'的时候，把你们的纸翻过来，试着解第 3 个字谜。开始！"此时你所有的被试都在试图猜相同的字谜——Panels（面板），但其中一半已经有了失败的经历。

■

▪ 结 果 ▪

你会发现，那些刚猜完两个简单的字谜的人可能会毫不费力地解出第 3 个。即使每个人都有相同的任务，那些之前拿到比较难的字谜的人，很可能未成功地解答。为什么？因为他们目前的状态是"习得性无助"。当我们经历了很多失败时，我们不再期望获得成功，然后我们就会放弃，即使我们本来有能够获得成功的良好机会。

为什么这个实验这么重要

我们在生活中可能都产生过习得性无助感。当老师承诺学生们将有机会参与他们希望读的书但却被指定了另外一本书时，学生们会感到很沮丧。有过那样的经历后，学生们会渐渐地不愿意在课堂上与老师互动。希望看到生活有所改善的选民在早年会满怀热情地前往投票站，但遗憾的是，在看到多年过去但他们的生活没有任何改变之后，许多人完全停止了投票。这一事件甚至发生在选举期间，对候选人可能会产生直接的影响。

实验 18：匿名如何让我们变得刻薄

➡ "那是你说过的最愚蠢的话！"

心理学概念： 去个性化

实验名称： 人类的选择：个性化、理性、有序与去个性化、冲动、混乱

原创研究者： 菲利普·津巴多（Philip Zimbardo）

如果你曾经在互联网上消磨过时间，你就会看到那些经常被称为"键盘侠"的人的评论。这些人喜欢在 YouTube、Instagram、推特等社交网站上其他人发表的内容下方留下刻薄的评论。他们为什么这么做？一种解释是，这些青少年（通常是男性）正试图通过贬低他人来获得一种权力感。另一种解释涉及互联网赋予我们的匿名性。许多人创建的用户名是他们的姓名和其他数字或字母的组合。当然，你也可以为自己起一个像是"zyx19375"或者由其他字母和数字组成的奇怪组合的昵称，这样你就完全匿名了。心理学家发现，当我们知道自己处于匿名状态的时候，我们会做一些平常不会做的事情。

如果你曾经看过体育比赛，你可能会发现在这一过程中自己的行为方式和平常不一样。这在一定程度上是因为你沉浸在玩游戏的兴奋中，但也可能是因为你可以大喊一些你不想让你妈妈听到的话，而很少有人会知道这是你

说的。当我们默默无闻的时候，我们可以做一些自己不引以为豪的事情。

原版实验

　　菲利普·津巴多在这本书中进行了著名的监狱研究，他也研究了"去个性化"的概念。当人们感到自己是匿名的时，他们会以意想不到的（有时是反社会的）方式行事。在日常生活中，我们都以某种方式抑制自己，也就是说，我们通常不会说出自己的真实想法。当你的老板批评你做的某件事时，你可能不会将所思所想立即脱口而出。

　　如果没有人知道做某件事的人是你，你会做什么？这就是津巴多想知道的。

　　津巴多做了一件很直接的事：他把被试带入实验室，让他们有机会使另一个人感到震惊。这个人要么被认定为"好人"，要么被认定为"讨厌鬼"。有些被试在到达研究现场时就被贴上了姓名标签（以提醒他们的身份），而其他人则同意穿上实验服，戴上帽子，这样他们的真实身份就不会被其他人知道（他们就这样被"去个性化"了）。戴着名牌帽子的人对好人的电击强度较低，而对讨厌的人的电击强度较高；穿着外套和戴着帽子的人对好人和讨厌的人的电击时间都更长，强度也更高。所以当我们匿名时，我们会做一些令人惊讶的事情。

▶ 让我们试一试

　　好吧，你不需要电击任何人。让我们把这个想法应用到一个你经常关注的内容上：对社交媒体帖子的回复。

　　虽然脸书和推特上的大多数社交媒体帖子都是枯燥无味和无害

的，但有时人们确实会说一些特别愚昧和幽默的话。

例如：

"奥巴马到底姓什么？"

"我希望我的第一个女儿是个女孩。"

"为什么女性从来不用做 DNA 测试就能知道孩子是不是自己的？"

毫无疑问，你已经看过其中的一些帖子了。你笑了，你可能想用一种轻蔑的方式回应，但你通常不会这么做。你不那么做是因为你知道人们会看到你的名字，而且可能会认为你很刻薄。

所以，这就是我们做实验时需要的：

- 2 组被试（每组约 5 ～ 10 人）
- 为一名被试准备 3 篇令人发指的文章，并给每一篇文章留出可以评论的空间
- 给被试提供书写工具
- 相机

你可以使用之前列出的帖子，或者在网上搜索"人们在网上说的最愚蠢的话"，你一定会找到很多这样的帖子。

怎么做

基本上你要做的是：你将有两组被试，每个人都会有一张纸，上面有 3 篇文章，每一篇之间都会有空白处。你会要求你的朋友阅读每一篇文章，就像他们在网上或手机上看过一样，然后你会要求他们写下他们将如何回复这篇内容。你会让其中的一些朋友明白他们的身份会被读到评论的人知道，同时你也会隐藏另外一部分朋友的身份。就让我们一探究竟吧。

A 组：实名组

第一步：每位被试都应该单独进入你的办公室（或坐在你的桌旁），

然后你需要告诉他你正在研究人们在社交媒体上的行为。请他为这项研究创建一个用户名，这个用户名由他的姓和名组合而成。也许他会创建类似"John Smith"这样的用户名。

第二步：把他的用户名写在一张纸上，让他在你给他拍照的时候把纸举到脸下面。如果他问你为什么这么做，你只要说你想确保你能识别出每个人的评论就可以。

第三步：把帖子翻过来，告诉你的被试，你要让他阅读某人在网上发布的一篇真实的帖子，然后让他写下他会怎么回应（对每个帖子都这样做）。

第四步：在你的被试写下他对帖子的回应后，他就完成了使命。你需要谢谢他，让他知道你会在研究结束后告诉他结果，然后继续请下一位进行研究。

B 组：去个性化组

第一步：你要让这些人感到他们是匿名的，并要求他们创建一个用户名，但要确保任何人都不可能知道他们是谁。我建议你使用随机数和字母的组合，但不要给他们拍照。这应该会让这些朋友感到自己是匿名的。

第二步：把帖子翻过来，告诉你的被试你要让她读一篇别人在网上发表的文章，然后让她写下她会怎么回应（对每个帖子都这样做）。

第三步：当你的被试写下她对帖子的回应后，她就完成了任务。

▪ 结 果 ▪

在你让 20 个人完成你给他们布置的任务后（每种情况下 10 个人），你就做完了实验。现在有趣的部分是阅读他们写的文章。请试着在不知道被试属于哪一组的情况下这样做，来看看你能否根据他们评论的"刻薄程度"猜测他们属于哪一组。我想你会发现那些认为自己是匿名者的人写的评论比那些认为自己的身份可以被发现的人所写的评论更刻薄。

为什么这个实验这么重要

虽然我希望你能从这个实验中得到一点乐趣，但你应该意识到匿名上网有严重的副作用。刻薄的评论到处都是，以至于诞生了"网络欺凌"一词。这就是很多网站不允许你发表评论的原因，除非你创建一个包含你个人信息的账户，如果有人注意到你的评论不合适，这个账户就可以被用来识别你的身份。现在，所有的社交媒体公司都在努力寻找减轻当人们知道自己处于匿名状态的情况下可能给他人造成伤害的方法。

实验 19：为什么你选择的浪漫伴侣没有你想象的那么浪漫

➡ "你这个卑鄙的人！"

心理学概念：择偶策略

实验名称：养狗在提升男人魅力的同时会减弱渣男只会采取短期交往策略的印象

原创研究者：西格尔·蒂夫雷特（Sigal Tifferet）、丹尼尔·J.克鲁格（Daniel J. Kruger）、奥莉·巴尔－列维（Orly Bar-Lev）和沙尼·泽勒（Shani Zeller）

为什么某人会让你产生浪漫的感觉？我们倾向于认为我们对另一个人的兴趣与他们的长相或性格有关，至少一开始是如此。然而，一些社会心理学家的观点可能显得相当直接，他们对神秘的爱情和吸引力的研究表明，这些神奇的感觉往往会因为一个相当残酷的事实——就是女性怀孕——而渐渐消散。我们也知道，照顾婴儿需要付出大量的心血。当一个女人怀孕的时候，她必须要随身携带这个小家伙大约 9 个月的时间，然后她必须喂养他，他还需要一年左右的时间才能学会走路，而且需要 18 年的时间才能"离开鸟巢"。简而言之，性行为有怀孕的风险，生孩子需要很大的投入。所以女性在选择伴侣时需要比男性谨慎得多，她需要找一个能长期留下来帮助照顾孩子的人。

当然，事情并不总是这么直白。女性并不总是希望和潜在的伴侣生孩子，所以她们的"择偶策略"很难预测。但这并没有阻止心理学家们去预测它！

狗是如何适应这一切的呢？让我们来看看。

原版实验

单身男士常被告知，吸引女士的一个方法就是养狗，并带它去公园散步。拥有一只狗对其他人意味着什么？众所周知，狗比猫更需要照顾。那么，如果一个单身男子养了一只狗，这是否意味着他有能力维持其他长期的关系呢？蒂夫雷特和她的同事们决定找出养狗的男性会对女性的感知产生什么影响。但他们也考虑到这样一个事实：女性有时是在寻找一个能成为"好爸爸"的男性，但有时她们也只是在寻找一段短期关系。

这是他们在聪明的研究中所做的：他们向女性展示了一名男子遛狗或不遛狗的照片。他们还用一段很短的文字描述了这个男人，这样一来，他要么被认为是优秀的"爸爸"候选人，要么就是一个"渣男"。如果你不熟悉"渣男"这个词，你可以用它来形容这样一类男人：他通常单身、自由奔放、喜欢随意的关系但绝对不是当爸爸的料。

所以他们发现了什么？不出所料，一个被描述为具有"父亲"特质的男人对想建立长期关系的女性有吸引力，他是否遛狗并不重要。一般来说，人们并不认为"渣男"对想建立一段长期关系的女性有吸引力，但事实证明，关于在公园遛狗的建议是正确的：如果他遛狗，他的吸引力会上升。这只狗确实是一个信号，它表明即使是一个看起来像"渣男"的人也有可能维持长期的关系。

▶ 让我们试一试

这项研究并不难进行，但与本书中其他大多数研究不同的是，这项研究将被试分为 4 组，而不是两组，如下所示。

1. 人们读到关于一个父亲的故事，看到他没有养狗的照片。

2. 人们读到关于一个父亲的故事，看到他和他的狗的照片。

3. 人们读到一个渣男的故事，看到他没有养狗的照片。

4. 人们读到一个渣男的故事，看到他和他的狗的照片。

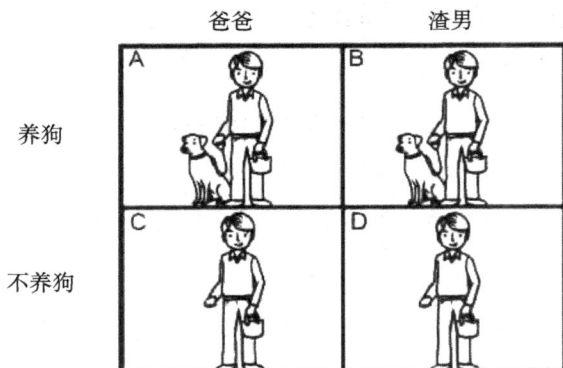

你要如何进行这样的研究呢？你将需要：

- 有魅力的男性

- 狗

- 看起来像是公园的地方

- 相机或用于拍照的智能手机

- 父亲和渣男的描述

- 4 组被试，每组 10 个人

怎么做

第一步：尝试创建你在图片中看到的 4 个条件。让你的帅哥站在派对上，微笑着牵着狗绳，狗坐在他旁边。然后让他原地不动，移除狗和牵引绳，再给他拍张照。

第二步：现在你需要为每种情况准备 4 张纸。

1. 纸张 1：一张你的朋友和一只狗的照片，这位"爸爸"的描述如下：罗伊是一个 20 多岁的会计师。在闲暇的时候，他喜欢在大自然中远足，此外，罗伊喜欢照顾他的狗、阅读和弹吉他。

2. 纸张 2：一张你的朋友的照片以及这位"爸爸"的描述：罗伊是一个 20 多岁的会计师，在闲暇的时候，他喜欢在大自然中远足、阅读和弹吉他。

3. 纸张 3：一张你朋友和狗的照片以及这个"渣男"的描述：罗伊是一个 20 多岁的会计师，在闲暇的时候，他喜欢做运动，喜欢和朋友去酒吧和咖啡馆，此外，罗伊喜欢照顾他的狗和去听音乐会。

4. 纸张 4：一张你的朋友的照片和这个"渣男"的描述：罗伊是一个 20 多岁的会计师，在闲暇的时候，他喜欢做运动，和朋友去酒吧和咖啡馆，此外，罗伊喜欢去听音乐会。

第三步：在每张照片和你的偶像的描述下面，放上这两个 10 分制的量表：

仅仅根据这些信息，你对嫁给这个男人有多大兴趣？

一点都不　　**1 2 3 4 5 6 7 8 9 10**　　非常

仅凭这些信息，你对和这个男人交往有多大兴趣？

一点都不　　**1 2 3 4 5 6 7 8 9 10**　　非常

第四步：给每一组人看一张照片，让他们给这个男人打分。

▪ 结 果 ▪

将被试在这 4 种情况下的回答的分数取个平均值。你可能会发现，一方面，不管有没有狗，"爸爸"都被认为是很好的结婚对象（得分在 7 分以上）。不管有没有狗，"爸爸"在"放纵"问题上的得分可能都很低。另一方面，"渣男"在"放纵"的问题上的得分可能会比"爸爸"高，而在"婚姻"问题上，当你的被试看到他和一只狗在一起时，他的得分也会更高。如果"渣男"没有和狗在一起，那么他在"婚姻"问题上的得分很可能会很低。

为什么这个实验这么重要

当然，你一生中要做的最大的决定之一就是决定将谁当作伴侣。我们倾向于认为这样的决定是基于像"爱"这样不可估量的东西，当然这也起到了一定的作用。但你必须承认，当你想知道你的伴侣是否就是适合维系长期关系的人时，与伟大的感情共存的是你对自己的潜在伴侣的考量——未来是否会履行婚姻生活当中每天都需要面对的义务，包括洗碗、照顾孩子、坚持做一份工作等。养狗就像一个暗号一样，它表明男性有能力认真地维系一段感情。

实验20：从众的力量

➡ **"你愿意花多少钱买那款玉米片？"**

心理学理念： 从众

实验名称： 从众实验

原创研究者： 所罗门·阿希（Solomon Asch）

让我们面对现实吧，在做任何事情之前，大多数人都想知道其他人是怎么想的，或者其他人是怎么做的。在你买电视、电脑，甚至是搅拌机之前，你很可能会在购物网站上查看别人对这款机器的评价。制造商知道这一点，这就是他们鼓励你用5星级标准来评价他们的产品，并与他人分享你的快乐经历的原因。

但这种"按照别人使用的方法做事"的愿望能延伸到什么程度呢？如果别人的看法与你不同，你会怀疑自己的眼睛吗？这就是所罗门·阿希想要知道的，接下来我们自己也要尝试一下。

原版实验

阿希做了一个非常简单的实验。他带着一小队大学生（5～7人）进入一个房间。他告诉大学生，他正在做一个"视力测试"，然后给每个大学生看了一张上面有黑色竖线的大卡片。这些线被标记为 A、B、C。另外有一张卡片只有一条黑色竖线，而且没有标记。阿希只是让每位小组成员轮流大声说出卡片上哪一个字母标记的竖线与另一张卡片上的长度相同。

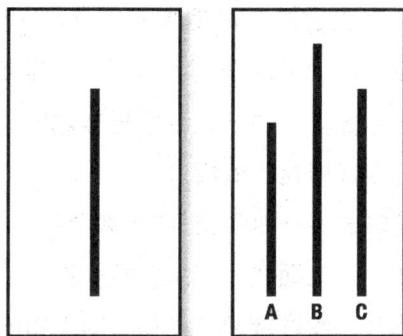

阿希做实验时使用的卡片

因为这并不是真正的"视力测试"，而是一个心理学测试，所以这里还隐含了一些特殊的情况。例如，在 5 个学生中，只有 1 个是真正的学生，另外 4 个人在参与实验之前与阿希见过面，阿希告诉他们应该给出哪些答案，并让他们大声说出错误的答案，就是关于哪条线与另一条线的长度相等的问题。真正的被试并不知道他的"队友"给出了错误的答案。阿希发现，当轮到被试时（通常是 5 个人中的最后一个），平均下来真正的被试摇头的频次略多于三分之一，他们往往会看了看别的被试后觉得自己疯了一样，但最后还是提出了和其他人一样的观点，选择了错误的答案。这种情况并非每次都会发生，但高频词的事件重演足以表明，一些被试选择了一个明显错误的答案，只是因为其他人都选择了该答案。

你（或你的朋友）可能会因为其他人都在做一些事而去做相同的事吗？让我们来看看这个有趣的小实验。

▶ 让我们试一试

你是否曾经使用过像易趣（eBay）这样的在线拍卖网站或观看过电视购物频道？如果你有过这样的经历，那么你曾经可能会因为人们花很多钱去购买那些看起来并不值得的产品而感到惊讶。他们这样做的部分原因是阿希发现的。当别人买东西——特别是当很多人都那样做的时候，我们会被深深地吸引，有些人称之为"情绪感染"（emotional contagion），我们会觉得别人做的事情自己也得做。

但是我们会不会像阿希的研究结果那样说出让我们觉得似乎很奇怪的观点？你会不会怀疑自己的看法，最后随波逐流？例如，有些人会在拍卖网站上花钱去买一瓶"空气"。你会吗？

所以我们要做的是上网找一些大多数人都认为毫无价值但仍有人会购买的东西的图片。我在搜索"人们在网上卖的奇怪东西"时发现的一些东西如下。

1. 一片吐司

2. 一块儿像一只脚的形状的石头

3. 大象的粪便

4. 一片形状像伊利诺伊州的玉米片

5. 一个假想的朋友（这张照片里只是一个房间的一角）

6. 一块岩石

你可以直接使用以上这些东西或自己搜索。

你需要的是：

- 5 个物品的图片
- 5 位被试

怎么做

第一步：让你的 5 位被试聚在一起，但是，像阿希一样，你要事先和其中的 4 个人沟通好，告诉他们你的要求。

第二步：你要让你的被试分别看每一张照片，然后大声说出如果在网上看到这件物品他们会出多少价。所有的东西都是没有任何价值的，但在所有人聚在一起之前，你的 4 名"假被试"会商量出一个价格。你不会想要一个高得离谱的价格，例如 2 000 美元，但肯定是一个普通人会认为高的价格（也许是一片吐司值 5 美元）。

第三步：给他们看图片，让前 4 名被试为每件物品标出大致相同的高价。真正的被试可能会反对，并会说一些类似于"你们疯了吗"之类的话。所以，确保你的 4 名队友提前排练好并说一些有点傻的话，例如，"我觉得吐司上面有一张脸，这很少见"或者"我不知道，我只是觉得一个长得像一个'州'的形状的玉米片很酷"。

▪ 结　果 ▪

你需要确保当你展示完这 5 张照片时，你能打乱真被试的思绪。他可能会怀疑正在上演什么奇怪的事情。研究人员在重复阿希的研究时发现，如今人们的从众率相对较低。我们只是不再像阿希的 20 世纪 50 年代的学生那样自然地循规蹈矩了。不过，我敢打赌那些不知道发生了什么的被试会告诉你，在"竞标"过程中，他们开始对自己产生了很大的怀疑。

为什么这个实验这么重要

不管我们说了多少关于我们如何"跟随自己的想法走"的话，我们还是经常会去看看其他人的表现，然后决定我们"应该"做什么和思考什么。没有人想让自己看起来很傻。阿希和其他人也发现，只要人群中有一个人不随波逐流，就会大大降低人们的从众性。这个人可以证实其他人没有说出口的想法。只要抽出其中一块石头，整栋房子就会轰然倒塌。如果你知道你是对的，就不要认为别人的沉默意味着他们都同意了。想知道到底发生了什么，一个方法就是说点什么。例如，"等一下……我来唱个反调吧。我想我们可能错了。"如果别人也这么想，你就给他们提供了一个停止顺从的途径，让他们表达自己的观点。

实验 21：什么使我们真正快乐

➡ **"请扔掉你的电视！"**

心理学概念： 幸福／情绪

实验名称： 要体验还是要拥有

原创研究者： 利夫·范·波恩（Leaf Van Boven）和托马斯·季洛维奇（Thomas Gilovich）

每个人都想知道这个问题的答案：我怎样才能更快乐？心理学家对这个问题确实有一些答案。第一个问题涉及你如何花钱。大多数人认为如果他们中了彩票，他们就会快乐。事实证明，并非如此。你可能会很高兴地知道，富人并不一定比穷人更幸福。我们都"习惯"于我们所拥有的。如果你曾经买过一辆新车或一台新电视，那么你已经经历了一次习惯化了，在短短几个月后，这种兴奋感会逐渐消退。所以，信不信由你，如果你拥有一个大房子，开着一辆跑车，在一段时间内，这确实会让你看起来非常酷。但是没有人会在他的余生中一直保持兴奋，我们都会逐渐习惯某种状态。

所以如果"习惯化"会发生在每个人的身上，你能做些什么让积极的经历持续得更久呢？事实证明，最好的方法是把钱花在体验上，而不是花在物品上，也就是说，把钱花在旅行上，或者花在为朋友举办一个盛大的生日派对上。这些经历会给人留下持久的记忆，至少会在你的记忆中留存多年。

让我们来看看研究人员是如何发现这一点的。

原版实验

这个实验其实并不复杂。范·波恩和季洛维奇所做的是让大学生对最近的一次"体验式购买"进行回顾，他们将其定义为"以获得生活体验为主要目的的消费"，例如，一次旅行或购买东西（如电视、汽车或其他产品）。

在确定了购买行为并对其进行回顾之后，研究人员向人们提出了一些问题，以确定购买行为给他们带来了多少快乐。果然，那些回顾体验式购物的人在关于幸福感的问题上得分更高。

让我们继续探索这项研究。

▶ 让我们试一试

你需要的是：

- 2 组被试
- 在一张纸上把需要提出的问题列出来

怎么做

A 组：体验式购买

第一步：让这些人回顾他们最近的一次体验式购物。这笔交易的价格应该在 100 美元以上。这是为了让你知道人们确实在购买一件商品时进行了投资，只花几美元不能算是一种"体验"。在理想情况下，体验式购物也是一个人与他人共度时光的过程。让他们告诉你一些关于这次经历中发生的事情。

第二步：把这一步中列出的问题打印在一张纸上。当你的所有被试都回顾完他们的经历后，让他们对以下的每个问题打分。

当你想到这次购买体验时，你有多开心？

1	2	3	4	5	6	7	8	9
	不高兴			适度			非常开心	

这笔钱对你获得幸福生活有多大的帮助？

1	2	3	4	5	6	7	8	9
	一点也不			适度			非常	

你认为这笔钱花得值吗？

1	2	3	4	5	6	7	8	9
	不值			适度			非常值	

你认为这次消费的经历在何种程度上会让你觉得最好还是把这笔钱花在其他类型的东西（能让你更快乐的东西）上？

1	2	3	4	5	6	7	8	9
	一点也不			适度			非常	

第三步：在他们完成任务后，在每张纸的背面写一个字母"E"，这样你就知道你已要求这个人对一次体验式购买进行了回顾。你可以自由地告诉这个小组的成员你的研究是关于什么的——只是要求他们在完成

之前不要和其他人谈论这个研究。

B 组：购买商品

第一步：让这些人对他们最近购买的物品进行回顾。这笔交易的价格应该在 100 美元以上。

第二步：在他们告诉你买了什么东西之后，问他们与 A 组相同的问题，让他们对每个问题打分。

第三步：写完后，在每张纸的背面都写上字母"M"，这样你就知道你已让这个人对一次购物进行了回顾。同样，你也可以自由地告诉小组成员你期望找到与幸福相关的内容。

▪ 结 果 ▪

需要注意的是，问题 4 和问题 1 ~ 3 有点不同。如果"体验式购物让你更快乐"的说法是正确的，那么 A 组的人应该在问题 1 ~ 3 上选择较大的数字，在问题 4 选一个较小的数字。也就是说，他们可能会认为这笔钱花得很值。

当一个问题以这种方式呈现时，你需要做的是在计算 4 个问题的平均值之前将分数倒推。也就是说，如果有人圈了一个 1，那就是 9。同样，把 2 变成 8、3 变成 7、4 变成 6，5 保持不变，把 6 换成 4，7 换成 3，8 换成 2，9 换成 1。然后你可以把分数加起来，取每个人的平均值。最后，对每组的分数取个平均值。体验组的得分应该更高，这意味着体验对他们有更积极的影响。

为什么这个实验这么重要

值得庆幸的是，我们确实知道一些能让我们快乐的事物。很多企业希望我们相信很多物质上的奖励会让我们快乐，但事实并非如此。花时间与朋友和家人在一起（即使有时会产生矛盾）会比买一台新电视给我们带来更好、更令人满意的记忆。因为我们都知道，几年后自己就会把这件电器扔掉。

实验22：餐馆里的说服策略

➡ "别忘了给服务员小费！"

心理学概念： 说服力

实验名称： 在餐厅与客户进行有趣的互动和互惠对小费产生的影响

原创研究者： 布鲁斯·林德（Bruce Rind）和大卫·斯托梅兹（David Strohmetz）

你可能做过一份能赚取顾客给的小费的工作。对于从事一些职业的人（例如餐馆的服务员或酒保）来说，他们收入的大部分来自小费。因此，从事这些工作的人自然对他们所能做的事很感兴趣，当然，除了提供出色的服务之外，他们还可以让顾客更客观地给他们小费。是时候对此介绍一点心理学的相关知识了。

心理学家发现，顾客在心情愉快的时候会给更多的小费。那么，服务行业的人要做什么才能让客户有好心情呢？以下是一些已经被证明有效的策略：

○ 在账单上画一个"笑脸"；

○ 画一个"笑脸"，把你的名字写在账单上；

○ 在账单上画一个太阳；

○ 轻触顾客肩膀；

○ "模仿"顾客的语气，也就是说，将顾客点的餐以相同的语气重新念出来（而不是简单地回复"明白了"）；

○ 讲一个笑话。

这里还有另一个策略：给顾客布置一个有趣的小任务。这个任务需要能让他们有好心情，这么做可以帮助人们赚取更多的小费。那这到底是什么样的任务？让我们一探究竟吧！

原版实验

林德和斯托梅兹在一家真实的餐厅进行了他们的实验。与研究人员一起工作的服务员随机地将印有有趣小任务的卡片放在几张桌子上。顾客需要在以下这句话中数出字母 F 的个数：

FINISHED FILES ARE THE RESULT
OF YEARS OF SCIENTIFIC STUDY
COMBINED WITH THE EXPERIENCE
OF MANY YEARS.

很多人只数出了 3 个 F，但实际上有 6 个。为什么人们会弄错呢？"of"这个词里的 F 听起来像 V 的音，因此我们经常会忽略它。我们要找的是 F 的声音，而不是 V 的声音。这可能不是你参与过的最有趣的小游戏，但它具有挑战性而且结果令人惊讶，所以它能让人心情愉悦。餐厅中只有几桌的顾客被分配了这个任务，其他顾客则并不知道这个小任务。然后，研究人员计算了坐每张桌子的顾客给服务员的小费。你猜结果如何？当服务员给客户布置了有趣的任务时，这些客户留下的小费比没有收到任务的顾客给出的小费高 **20%** 左右。从大致上看，如果不分配任务，服务员每周可以赚 **297** 美元，但如果分配任务，他们可以赚 **353** 美元，这对他们来说很不错。

让我们来冒点险，复制这个研究。但这一次你会看到我们会全力以赴。

▶ 让我们试一试

要复制这样的研究的最好方法就是自己开一家小餐馆。但你也可以在实验室里做。这里的实验室指的是一个房间，你可以在房间里摆 1 ~ 3 张桌子，你可以扮演咖啡馆服务员。我们只提供甜点，这样你就不用做很多道菜了。你需要的是：

- 大房间
- 1 ~ 3 张桌子
- 打印在 3 张索引卡上的答题任务
- 能成为顾客的被试
- 新鲜、高质量的甜点（不要用黄色的小蛋糕、糖果或廉价的派）

怎么做

第一步：把你的房间布置得像一间漂亮的小咖啡馆一样。给它起个好听的名字，摆放 3 张圆桌，再为它们配上熨好的白桌布就可以了。

第二步：邀请你的被试来你的咖啡馆。你可以告诉他们你正在做一个小研究，或者你正在研究新食谱。

第三步：一定要让他们知道，在你的咖啡馆里，你必须收费——但只需要几美元（只是为了收回你的成本）。

第四步：当他们来的时候，你可以在每张桌子安排一个人，但是如果你的朋友们以三人为一组参与游戏的话，他们会玩得更开心。超过三个人可能会太多。

第五步：你扮演服务员的角色。在每张桌子上摆一份甜点，让大家分享。祝他们愉快地用餐之后，等他们吃完你再拿账单给他们。

第六步：在你拿着账单回来之前（不管你花了多少钱买了甜点），随机把人或桌子分配到"答题组"或"无答题组"。如果你愿意，你可以抛硬币决定——如果是正面，他们就需要完成小任务；如果是反面，他们就不需要。

第七步：带着账单回到每张桌子。如果你想给这张桌子出个题，就这么做吧。当坐在桌子旁的人试图解出这个谜题时，你要待在那里。如果他们没答出来，你就告诉他们答案。

第八步：让你的被试知道给予小费是被允许的，你也可以在账单上写上"欢迎小费"。

第九步：如果你要给一张没有被布置小游戏的桌子账单，只要说声"谢谢"，然后把账单给他们。

第十步：确保在你拿到他们的钱后，记录你从每张桌子上得到了多少小费，每桌的顾客是答过题了还是没有答题。

▪ 结 果 ▪

你的最后一步是把你的小费从答题组和无答题组的桌子上收集起来，看看谁给了你最多的钱。你可能会发现与原始研究人员同样的结果：参与答题时感觉很有趣，离开时心情非常好的客人会留下较多的小费。

欢迎进行更进一步的研究（因为你已经花费时间摆好桌子以及准备了甜点）。为了从参与游戏的顾客那里获得更多的小费，把你的名字连同笑脸和太阳一起写在账单上。

为什么这个实验这么重要

如果你曾经从事过服务类工作，那么这些知识就会派上用场。所有餐馆和商店的顾客一直都是被劝说的对象。例如，杂货店会将其想要顾客购买的商品放在一目了然的位置，而不是放在底部或顶部。研究人员一直在努力寻找微妙的方法让你花更多的血汗钱。你可以自己使用这些方法，此外仅仅是意识到商家在对你运用这种方法也对你有益，至少你可以决定是否接受它。

实验 23：超常刺激

➡ *"我的天，你的眼睛多大呀！"*

心理学概念：超常刺激

实验名称：本能研究

原创研究者：尼古拉斯·廷伯根（Nikolaas Tinbergen）

复制/扩展名称：超常刺激

复制研究者：迪尔德利·巴雷特（Deirdre Barrett）

我们在大部分心理学教科书上都能看到一个男人在外面散步，身后有一排鸭子的图片。鸭子跟随着他就像跟随着它们的妈妈一样。这个人就是康拉德·劳伦兹（Konrad Lorenz），他所展示的是印刻现象。他和尼古拉斯·廷伯根发现，对许多哺乳动物来说有一个关键时期（通常是在它们出生的第一天），在这个时期它们会跟随（或"印刻"）出现在它们面前的任何大型移动物体。正常情况下，这个大物体是它们的妈妈，这是件好事，因为在它们出生的头几周，妈妈会保护和引导它们。

好吧，小鸭子确实很可爱，但是你会说："这和我有什么关系？"实际上，这与我们有很大关系。这种把注意力集中在异常大的或不寻常的物体上的倾向被食品营销人员用来促使你购买产品，甚至被那些试图筹集资金的人所利用。让我们来一探究竟吧！

原版实验

劳伦兹发现鸭子能对各种异常大的物体产生印刻现象，例如，他的靴子。大型物体、特别明亮的物体或其他不寻常的物体都会对各种动物产生很强的吸引力。例如，丁伯根发现，鸟类妈妈更倾向于关注最大的蛋。这具有生存方面的意义，因为从大蛋里孵出来的幼鸟可能是最健康的，也是最有可能存活的。所以他们想知道一只鸟妈妈会不会更注意一个用灰泥做的大鸡蛋。答案是肯定的。那么它们会更关注一个更大的但来自另一种鸟类的蛋吗？虽然这听起来很奇怪，但答案仍然是肯定的。

最近，心理学家迪尔德利·巴雷特在她撰写的《超常刺激》（*Supernormal Stimuli*）一书中提出这种"牵引力"存在于不寻常的事物上——更大或更绚丽的——往往可以用来解释为什么人们很难抗拒一个婴儿或动物的大眼睛、一大块儿饼干或糖衣包裹的松饼、坚果以及巧克力。

我们不要让这些知识"束之高阁"，让我们用它来筹集一些钱吧！

▶ 让我们试一试

让我们试着为当地的动物保护协会（SPCA）筹集资金。毫无疑问，你去了一个加油站，看到一个罐子上面有一只动物的照片，上面有请你向动物保护协会或其他公益事业捐款的话。让我们做个小实验。

你需要的是：

- 2 个 50 克左右的大玻璃罐
- 2 张小索引卡
- 透明胶带
- 2 张猫的照片
- 图像编辑工具（如 Photoshop Elements），以及对这款软件较熟悉的人
- 获得加油站经理的许可——把你的罐子放在他们的商店

怎么做

第一步：用签字笔在每张索引卡上写上"请向动物保护协会捐款"。把索引卡粘在每个罐子的里面。

第二步：给一只猫拍一张数码照片，让它的眼睛变得超大。

第三步：打印一张眼睛大小正常的猫的照片，再打印一张眼睛超大的猫的照片。

第四步：将其中一张照片贴到罐子里（在"请向动物保护协会捐款"这句话旁边），将另外一张贴到另外一个罐子里。

第五步：把一个罐子放在一个加油站，另一个则放在另一个加油站。等一个星期，然后数一数两个罐子里各有多少钱。

▪ 结　果 ▪

如果关于超常刺激的理论是正确的，你应该用大眼睛的猫的图片吸引了更多的人，希望这种方法能为动物保护协会筹集到更多钱。

当然，重要的是，这两个加油站在一周内的顾客数量应该尽可能相同。这可能很难做到，但欢迎来到社会科学家在"真实世界"而不是在实验室进行研究时所面临的困境：就是很难完全控制所有可能影响你学习的因素。

为什么这个实验这么重要

事实上，我们容易被超常刺激所吸引，这是市场营销人员用来让你购买各种产品的一种手段。事实上，迪尔德利·巴雷特认为，这正是目前普遍存在的肥胖现象的原因之一：我们很难抗拒看起来非常诱人的食物的图片。你在面包店看到一个非常大的饼干就是一种超常的刺激，而且你很难不被它吸引。

当然，你可以利用这种趋势来做一些好事，就像我们在这里用一只大眼睛的猫来筹集善款一样。你可以用这个主意在下次的烘焙义卖中创造更多的销售额。下次如果你想通过洗车来筹集资金呢？不要举着只写了"洗车"的牌子，而是要用一张画了一辆"眼睛"（前灯）非常大，"脸上"带着悲伤表情的汽车的海报。你可能会惊讶于被这个图片深深吸引的客户的数量。

实验24：认知失调——我们看到的是我们想看到的

➡ **"我一直以来都是对的！"**

心理学概念： 认知失调

实验名称： 强迫服从的认知后果

原创研究者： 里昂·费斯汀格（Leon Festinger）和詹姆斯·卡尔史密斯（James Carlsmith）

让我们面对现实吧：我们讨厌犯错。我们也讨厌前后矛盾。如果你曾经支持某件事，然后在某一时刻你又反对它，再然后又被某人指出来，你会感到不舒服。这样的情况会让我们感到十分尴尬，我们需要一定的勇气才能说自己已经改变了主意或自己之前说的话是错的。

我们这种奇怪而强烈的倾向可以使我们相信一些很奇怪的事情。费斯汀格和卡尔史密斯进行了心理学中最复杂和反直觉的研究之一。他们想知道如果他们能创造出一种人们自相矛盾的局面会发生什么，以及他们会怎么处理。

原版实验

费斯汀格和卡尔史密斯首先想出了一个非常无聊的活动。他们给被试 12 个线轴（没有线），并要求被试将线轴放入托盘，然后清空托盘，再将线轴放回托盘。他们这样做了 30 分钟。很无聊，对吗？实际情况比我们想象的还要糟糕。然后，他们拿走了线轴，取而代之的是一块板，板上有 48 根钉子。他们要求被试将每一根钉子顺时针旋转四分之一圈，然后接着将下一根钉子顺时针旋转四分之一圈。当他们到达末端时，他们需要从第一根钉子重新开始，继续完成这个旋转任务。他们被要求这样做 30 分钟。为什么？因为费斯汀格和卡尔史密斯想让他们的被试产生一种真的非常无聊的感觉。结果他们成功了。

接下来是有趣的部分：在被试完成任务后，他们被告知实验者的助手那天没在，而下一个被试在另一个房间等候，因此他们被要求告知下一个被试这个活动非常有趣，一些被试说这句话时得到了 1 美元，另一些被试则得到了 20 美元。

他们与下一个正在等待的人交谈完后，进入另一个房间，快速填写了一份调查问卷，然后离开。作为调查的一部分，他们被问及这项活动有多有趣。

你觉得发生了什么？拿 20 美元的被试说这个活动非常非常无聊，而那些只拿了 1 美元的人认为这个活动其实也没有那么糟糕。

这意味着费斯汀格和卡尔史密斯成功地让一些人自相矛盾。这些人有一段非常无聊的经历，但他们告诉别人这真的很有趣。那些拿 20 美元的人有理由这么说，因为做这件事使他们拿到了不错的报酬，所以他们做归做，说归说，这件事情不会让他们感到太困扰。而那些拿了 1 美元的人会感觉有点不安。这种不安就是费斯汀格和卡尔史密斯所说的"认知失调"。这些被试通过说服自己相信任务真的没有那么糟糕以克服这种不安的感觉。

▶ 让我们试一试

现在你可能会对自己说："好吧，这是个奇怪的研究。但这和我有什么关系呢？"实际上这和我们的生活息息相关，你可以证明给自己和别人看。

你需要的是：

- 1～2 位朋友
- 电脑

怎么做

第一步：询问朋友最近买的东西。最好是在网上购买的，而且是在一个已有购买评论的网站上购买的。如果产品的价格超过 50 美元就更好了，但这不是必备条件。

第二步：和你的朋友一起坐在电脑前，看看顾客们的评论留言——正面的和负面的。如果很多评论都是正面的，那么在浏览了一些正面评论后，直接转而阅读一些负面的评论。你需要特别注意你的朋友对负面评论的看法。

▪ 结 果 ▪

你会发现，你的朋友会找到各种理由不去相信负面评论。你可能会听到类似于"哦，她不知道自己在说什么"或者"那篇评论没有任何意义"这样的话。一方面，你的朋友可能会仔细阅读负面评论，但只是为了找到他们可以反驳的地方。另一方面，像你的朋友一样，购买了该产品并喜欢它的评论者显然会被视为非常聪明的人。

我们为什么要这么做？这就是因为所谓的"决策后失调"（post-decisional dissonance）。我们不愿意承认自己犯了错误。一旦你已经购买了你想要的产品，你就会希望自己做了一个不错的决定，并且你会认为任何一个说购买这个产品是错误的观点（无论说得有多对）也都是错误的。

另一个能测试这一点（但你需要花一些钱）的方法是购买三款相对便宜的产品（例如，洗发水）。把三种不同品牌的产品放在你的朋友面前（一次摆放一个）。告诉他们，他们想要哪一个都可以。在他们选择了一个品牌之后，把你的电脑准备好，去亚马逊这样的网站，让他们阅读评论。你会再一次发现他们喜欢正面的评价（认可他们选择的人），而不喜欢负面的评价。

为什么这个实验这么重要

任何人都会告诉你，对自己诚实是很重要的，但通常我们都会倾向于逃避现实。我们强烈地渴望对自己和自己做出的决定感到满意。我们喜欢避免内部冲突。它是如此强大，以至于我们经常会"扭曲"现实。我们将关注那些会让我们看起来更好，以及能够证实我们做出了正确的选择的一些事实。对自己诚实需要一些勇气和谦卑，也许你真的可能犯了一个错误。

实验25：罗夏墨迹测验

➡ **"告诉我你看到了什么？"**

心理学概念： 人格测试 / 投射测试

实验名称： 心理诊断

原创研究者： 赫尔曼·罗夏（Hermann Rorschach）

有一些符号已经刻在了我们的脑海里，它们象征着心理学领域中的知识，其中之一就是黑白"花瓶 / 面孔认知"的图像。不同的人看到这种图像时会看到不同的东西，这取决于个体关注的是黑色部分还是白色部分。另一个著名的符号当然是墨迹。这些墨迹是赫尔曼·罗夏于1921年发明的，现在已经很少有心理学家使用它们了。特别是自从罗夏所开发的罗夏墨迹在网上公开发售以来，这种情况尤其明显。

心理学家对罗夏墨迹的主要担忧是我们所说的内部评估者的可靠性差。这意味着当你向别人展示罗夏墨迹时，他们会说"它看起来像一只蝙蝠"，但并不是每个解释罗夏墨迹的人都会同意这句话的确切含义。很明显，如果有人在他展示的每一个墨迹中都看到了性的意象，那么这个人可能确实会经常想到性，但这种情况很少见。大多数人在每个斑点上看到的是完全相同的东西。然而，这个想法似乎是有道理的：当我们谈论我们所看到的东西时，我们其实是把我们内在自我的一部分"投射"到这些模糊的图像上。

罗夏墨迹实际上有一个非常复杂的评分系统。无论你看到的是老鼠还是蝙蝠，这个系统都远远不仅包含这些内容。记分员会看你是否看到了物体在移动，你是否使用了彩色的部分（它们并不都是黑白的斑点），以及你关注到了多少斑点，你关注了所有图像当中的几个部分，以及你的答案在所有看过那个斑点的人中有多普遍。我们若想对人们的测验结果进行评分就需要接受大量的训练。这可不是你在电影中看到的那种"即兴"分析。

因此，为了正确地为这些墨迹评分，记分员必须专注于细节，忽略不重要的东西。在这项研究中，我们要做的是看看一个不重要的细节——一个人名——是如何让人们误解别人对测试的反应的。

原版实验

赫尔曼·罗夏学习了西格蒙德·弗洛伊德开创的精神分析。弗洛伊德认为，我们所有人都具有一种把自己的情感"投射"到他人和事物上的倾向。也就是说，当我们产生令自己不舒服的想法或感觉时，我们可能会想象其他人正在思考或感受一些事物。例如，假设你对父亲或母亲做的某件事感到非常生气，你可能也会有这种感觉——尽管弗洛伊德会说这种感觉是无意识的——即你对父母生气是不对的。所以你可能会认为你的父母也在生你的气。由此，你会把自己感受到的愤怒像电影放映机一样投射到另一个人身上。

罗夏墨迹背后的想法和其他种类的"投射"测试：在你面前有一个模糊的图像或任务（如"在这张纸上画一个人"），其本质是就像你告诉精神病学家或心理学家你在模糊的图像里面看到了什么，或在纸上画出的图像会揭示你个性的蛛丝马迹一样。

多年来，关于这些斑点是否有助于识别患有精神疾病的人的问题一直存在很多争议，但人们一致认为，当使用一个全面的评分系统时［通常是由心理学家约翰·埃科斯纳（John Exner）开发的］测试看起来很可靠。然而，测试很少被独立使用。心理学家总是会去权衡罗夏墨迹测验的结果，以及其他测验和他们对这个人进行访谈后所得到的信息。

▶▶ 让我们试一试

当然，我们不能仅仅通过做一项研究来确定我们是否能在你的朋友身上发现精神疾病。我们把这个问题留给专业人士来解决。然而，我们可以看看多年来人们对这些罗夏墨迹的担忧：研究人员是否能客观地为测试结果打分，还是像对待病人一样，从一个人的回答中看到他们想看到的东西？

我们会给你的被试看一些罗夏墨迹图，我们甚至会提供一些人们对这些罗夏墨迹的真实反应。但是，我们要把不同的名字写在墨迹上。许多研究人员发现，一些人的名字听起来"悦耳动听"，例如，朱莉、理查德和格雷戈里，而人们对霍勒斯、埃德蒙和罗德里克等名字的反应则不那么积极。

你将需要：

- 打印墨迹图 1、图 4 和图 5（稍后我们会详细介绍）
- 2 组被试
- 为被试准备评分表
- 书写工具

怎么做

第一步：浏览维基百科，找到测试中需要使用的墨迹图（搜索"罗夏墨迹测试"）。由于这些图片现在已成公版，你可以下载这 10 张图片。

下载编号为 1、4 及 5 的图片（也就是图片 1、图片 4、图片 5）。

第二步：打印所有图片，图片面积不要过大，确保你有位置可以写下一个虚构的名字以及这个虚构的人所说的关于墨迹的一些回答（参见第三步）。让我们将你的 3 张图称作"图 1""图 2"和"图 3"。把图像的编号写在纸的背面。

第三步：在每个墨迹图像下方写下以下内容。

1. 在图 1 下方写上："我认为那是一个面具，或者可能是一张动物的脸，或者可能是一盏南瓜灯。"

2. 在图 2 下方写上："在我看来，这看起来像个怪物，或者它可能是一只即将攻击人类的大猩猩。"

3. 在图 3 的下方写上："我想图片上面的那些东西是剪刀，或者是两个人从我身边走开，还可能是左下角和右下角的鳄鱼头。"

这里给出的回答有点不寻常，而且可能表明这个人遇到了问题。让我们把这些答案与正面和负面的名字结合起来，然后问我们的被试他们认为这个人的精神状态有多"稳定"。

A 组：积极名字组

第一步：在图片 1 的引文下面写上"朱莉"。

第二步：在图 2 的引文下面，写上"理查德"。

第三步：在图 3 的引问下面写上"格雷戈里"。

第四步：在页面底部，让你的被试回答这个问题，圈出一个数字作为答案：

基于对墨迹图的反应，你认为这个人的精神状态有多不稳定？

非常稳定　**1　2　3　4　5　6　7　8　9　10**　非常不稳定

B 组：相对消极名字组

第一步：在图 1 的引文下面写上"霍勒斯"。

第二步：在图 2 的引文下面写上"埃德蒙"。

第三步：在图 3 的引文下面写上"罗德里克"。

第四步：和 A 组一样，在每一页的底部，让你的被试回答这个问题，并圈出一个数字作为答案：

基于对墨迹图的反应，你认为这个人的精神状态有多不稳定？

非常稳定　**1　2　3　4　5　6　7　8　9　10**　非常不稳定

第五步：一旦你的被试圈出了 3 个墨迹的数字，你的研究就完成了。

▪ 结　果 ▪

你可能会发现，你的被试倾向于给那些听起来不那么积极的名字圈出低"稳定性"的分数。他们对虚构人物的心理健康状况的判断受到了一个本不相关的事实的影响：就是这个人的名字。

为什么这个实验这么重要

罗夏似乎确实有能力识别出患有某种精神疾病的人，但我们必须记住 3 个非常重要的事实。首先，该测试从不会被单独使用。研究者需要将一个人在墨迹中看到的东西与其他有关信息相结合。其次，该测试的评分系统远比简单地在图像中命名一个东西复杂得多。在电视上，你会看到有人说，"我看到了一只蝴蝶"，但是罗夏墨迹测验的评分系统除了人们看到的主要物体外，还包括其他各种信息。最后，给墨迹打分的人必须经过充分的训练。他们不应受到那些容易影响日常生活的事物的影响，例如，一个人的名字的发音或外形。

实验 26：电话交谈和面对面交谈有什么不同

➡ **"对不起！我现在不方便说话！"**

心理学概念： 非注意盲视

实验名称： 模拟驾驶中的乘客与手机通话

原创研究者： 弗兰克·A.德鲁斯（Frank A. Drews）、孟妮沙·帕苏帕西（Monisha Pasupathi）和大卫·L.斯特拉耶（David L. Strayer）

复制／扩展名称： 看不见的大猩猩

复制研究者： 克里斯托弗·查布里斯（Christopher Chabris）和丹尼尔·西蒙斯（Daniel Simons）

名为"看不见的大猩猩"的视频自 2008 年发布以来获得了超过 1 400 万的视频网站的点击量。如果你还没看过的话你可能会想去看看。现在去看吧，因为我将在下一段中进行剧透，别怪我没提醒你。

原版实验

研究人员是这样做的：在大约 30 秒的时间里，被试将观看一段由 6

名大学生组成的团队在走廊里传递两个篮球的视频。其中，3个孩子穿白上衣，3个孩子穿黑色上衣。在你看视频之前，你被告知要专注于穿着白色 T 恤的学生，并计算他们传球的次数，这很容易。令人难以置信的是，大多数人完全忽略了一个事实：在视频的中间，一个乔装成大猩猩的人径直穿过了这几个传递篮球的孩子们。你可能会问，被试怎么可能忽略一个乔装成大猩猩的男人呢？但几乎每个人都会这么做。

这被称为"非注意盲视"。当我们把注意力集中在一些有点复杂的事情上时（例如，计算穿白 t 恤的人的传球次数），我们倾向于让其他我们不关心的事物消失，这样我们就可以专注于这项任务。我们并没有期望大猩猩穿过这一场景，甚至没有任何迹象表明可能会发生什么不寻常的事情，所以我们的注意力特别集中，以至于我们会完全忽略一些显而易见的事情。

还有另一个例子。大学生们被要求边走边打电话，从校园的一个地方走到另一个地方。在途中，他们中的许多人完全没有看见一个骑独轮车的小丑。他们怎么可能会忽略一个骑独轮车的小丑呢？

研究人员德鲁斯、帕苏帕西和西蒙斯发现，当人们被要求在驾驶模拟器中用手机进行通话时，他们比那些与坐在副驾驶座位上的人进行类似对话的人更容易犯驾驶错误。为什么会这样？对话就是对话，不是吗？

你也知道，电话另一头的人根本不知道你所身处的驾驶环境。他们可能只是坐在家里的沙发上。然而，你的乘客却能清楚地看到你周围发生了什么——不管前方是否有一个复杂的十字路口，或者前面的车是否正在转弯，或者是否有一群人正在路边行走。你的乘客会建议你停车，或者让你注意到这些情况。这能给你时间和"认知资源"来应对你需要面对的驾驶环境。然而，你手机另一头的朋友却看不到这些情况。这意味着你必须注意你周围发生的很多事情，你需要做更多的思考。就像试图观察和计算穿白上衣的人传球的次数一样，你可能会忽略一些细节，在这时你很有可能发生事故。

▶ 让我们试一试

现在，你可以相当直接地复制"大猩猩"的研究：拍摄一个 30 秒的视频，视频里你的 6 位朋友在走廊里打篮球。你确保他们中有 3 个人穿黑色上衣，3 个人穿白色上衣。对了，你还可以租一套大猩猩的戏服，这样你的第 7 位朋友就可以直接穿过扔篮球的游戏了。向朋友们播放这段视频，让他们数一数穿白衣服的人或穿黑衣服的人的传球次数。可能没有人会在看视频的过程中大喊："嘿，那只大猩猩在里面做什么？"

但是，让我们做一些真正能让你深刻理解开车的重要意义的事情。让我们复制德鲁斯和他的同事的研究。为此，我们要好好利用你的手机。

你需要的是：

- 智能手机
- 驾驶模拟器
- 一位可以聊天的朋友
- 秒表

iTunes（苹果手机应用商店）和安卓应用商店都有免费的驾驶模拟器。你可以下载任意一款你喜欢的，如果游戏能记录你所犯的所有驾驶错误将会非常棒。

怎么做

条件 A：面对面交谈

第一步：坐在桌边，让你的朋友坐在你旁边。

第二步：选择一个双方都感兴趣的话题，讨论 10 分钟。

第三步：开始玩你的驾驶模拟器。确保你行驶的路线相当复杂，例如有迎面而来的车流、红绿灯等。用你的秒表开始计时。

第四步：让你的朋友开始和你说话的同时你们都注视驾驶模拟器。

第五步：开车 10 分钟，实验就可以结束了。

条件 B：通电话

第一步：和你的朋友就一个话题讨论 10 分钟。

第二步：开始玩你的驾驶模拟器。确保你行驶的路线相当复杂，例如有迎面而来的车流、红绿灯等。

第三步：让你的朋友打电话给你和你聊天。因为你会在手机上玩驾驶模拟器，或者，你可能不得不让你的朋友给你打固定电话。你可以把手机放在扬声器上，当你驾驶模拟器时把它放在你旁边。用你的秒表开始计时。

第四步：开车 10 分钟，实验就可以结束了。

▪ 结 果 ▪

如果你的驾驶模拟器计算了你在 10 分钟的驾驶过程中所犯的错误的数量，或者它给了你一个分数，那么你很可能会发现，当你和朋友通电话时，你的驾驶技术会变得更差。

为什么这个实验这么重要

我们大多数人认为"对话就是对话",不管你的谈话对象是在开车时打电话,还是坐在你旁边。但其实不然。开车时打电话真的比与车上的人聊天更危险。我们在开车时要记住这一点。把长时间的对话留到回家后再谈,这样你就能把注意力集中在开车上了。

实验27：记住从未发生过的事

➡ **"我知道我看到了什么！我认为……"**

心理学概念： 伪记忆

实验名称： 创造伪记忆：记住列表中没有出现过的单词

原创研究者： 亨利·L.罗迪格（Henry L. Roediger）和凯瑟琳·B.麦克德莫特（Kathleen B. McDermott）

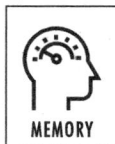

有一个很多心理学家都喜欢研究的话题，那就是记忆。它受欢迎的原因有2个：（1）研究记忆并不难，你只需要给被试一个列表然后让他们记住列表上的东西，然后再等一会儿让他们写下他们记得的东西，而并不需要花哨的设备；（2）我们在研究中发现的与人们对记忆的看法是如此矛盾。人们非常自信地相信他们所看到的东西，然而关于他们记忆准确性的证据表明，他们真的不应该那么自信。让我们通过看一个例子来了解改造记忆有多么容易。

原版实验

如果我让你待在一个房间里，告诉你我会读12个单词，然后让你回忆，你会怎么做？我先把这12个单词大声读出来，然后给你一张纸和一支铅笔，让你尽可能多地记下来。这就是罗迪格和麦克德莫特所做的，他们发现了一些事情。首先，毫无疑问，人们很容易记住他们听到的第一个词（这被称为"首因效应"）和他们听到的最后一个词（这被称为"近因效应"）。但研究人员也做了微妙的调整：让单词之间存在某种关联。有一个词汇列表包括桌子、坐、腿、座位、软、书桌、扶手、沙发、木头、抱枕、休息、凳子。当他们大声朗读这些单词时，他们会发现像桌子、坐和腿这样的单词会被记住（在列表中的前三个单词），后三个单词（抱枕、休息和凳子）也会被记住。

但接下来就是有趣的部分。把目光从这一页移开，回答这个问题："椅子"这个词在列表中吗？很多人说"是的"，但答案是否定的。因为这些词是相关的，所以你假设像"椅子"这样的词可能在列表中。这是另一个单词列表包括女王、英格兰、皇冠、王子、乔治、独裁者、宫殿、王权、象棋、统治、臣民、君主、王室、领导者、君主统治时期。现在，当你回答这个问题时，不要回头看"国王"这个词是否在那个列表中。既然你知道我在这里做什么，你可能会说"国王"并不在列表之内。但是很多被试都认为"国王"在列表之内。这项研究表明，我们的记忆是由我们的记忆和我们认为我们看到的事物混合而成的。这是一项你可以轻松地和你的朋友一起复制的研究。

▶ 让我们试一试

这是你做这个实验所需要的：

- 2 ~ 4 人
- 列出 12 个或 15 个相关单词
- 一张纸（需提供给参与实验的每名被试）上面写上 3 个问题
- 为被试提供编写工具

请随意使用前一节中与家具或君主制相关的词汇列表，或以下与蜘蛛相关的词汇列表，罗迪格和麦克德莫特也使用了这些词。

• 蜘蛛网	• 蛛形纲	• 令人毛骨悚然的
• 昆虫	• 爬行	• 动物
• 小虫	• 狼蛛	• 丑陋的
• 惊吓	• 毒	• 触须
• 飞	• 咬	• 小

以下是你需要让被试回答的问题：

1. 尽可能多地列出你能记住的词（在这个问题后面留一些空白处供他们填写答案）。

2. 这个词_____在列表上吗？

不在列表上　　1　2　3　4　　肯定在列表上

3. 这个词_____在列表上吗？

不在列表上　　1　2　3　4　　肯定在列表上

怎么做

第一步：把单词列表上的内容读给你的被试听。

第二步：让你的被试尽可能多地记住这些词（如果是以一个小组的形式进行，不要让他们看其他人的答案）。

第三步：大声朗读问题 2 和问题 3，边读边填空。你要在问题 2 的空白处填上一个肯定在列表中的词；对于问题 3，阅读一个肯定不在列表中的词；对于绝对在列表中的词，从列表中间部分选择一个词，这样至少会给被试增添一些不确定性。在创建与蜘蛛相关的列表时，你可以使用"爬行"。对于家庭家具清单，你可以说一个出现在清单中间位置的词，那就是"书桌"。

在问题 3 中选择一个听起来应该在列表中但实际上不存在的词。至于与蜘蛛有关的列表，请用"蜘蛛"，它不在列表上。对于与家具有关的列表，请用"椅子"这个词，听起来它应该在列表中，但实际上它并没有被包含在其中。

▪ 结　果 ▪

你会发现，你的被试和大多数人一样，他们还是会记住你大声朗读的第一个词和最后一个词。对于问题 2，被试会有一些犹豫，但是大多数人会圈 3 或者 4（他们认为这个词确实在列表中，事实也的确如此）。对于问题 3，你也会发现很多被试会圈 3 和 4，即使这些词不在列表中。当然，你可以阅读更多的列表，甚至包括另一个"填空"问题，在这个问题中，你可以询问列表中是否有一些相关程度并不高的词。举个例子，罗迪格和麦克德莫特会询问被试"长沙发"这个词是否在家具清单列表上，事实上它并不在列表上，但你的被试会为此绞尽脑汁。

为什么这个实验这么重要

这个研究表明，创造一些让人们确信的真实存在的记忆是有多么容易，但实际上这部分记忆中的事情从来没有真正发生过。我们的记忆并不是详细且准确的。当我们"想起"一段记忆时，我们会将我们认为可能发生的事情添加到那段记忆中。你可能会说，从你刚刚听到的单词列表中回忆单词的行为与回忆盗窃或事故的细节有很大的不同。罗迪格和麦克德莫特表示同意。但他们会指出，这项研究表明，我们能够在那些知道自己的记忆将被测试的人身上创造错误记忆。然而，不管他们有多么自信，他们仍然会犯错。为什么我们对发生速度非常快的情景（例如车祸）的记忆会更准确呢？

实验 28： 我们如何以及何时会出现变化盲视

➡ **"我怎么会错过这样的事情呢？"**

心理学概念： 变化盲视

实验名称： 在真实世界的互动中未能感测到人们的变化

原创研究者： 丹尼尔·J. 西蒙斯（Daniel J. Simons）和丹尼尔·T. 莱文（Daniel T. Levin）

心理学家们又一次提出了这样的假设：你认为是对的事情并不是真的。情况是这样的，你走在街上，有人向你问路，你回答得非常肯定，你的注意力在一瞬间被阻断，当你再次看那个人时，你不会注意到任何变化。事实上，你现在正在和另一个人交谈。你甚至没有注意到这件事情已经发生了。你是不是不相信会发生这种事？让我们来看看为什么会发生这种情况，以及我们如何重现这种奇怪的场景。

原版实验

西蒙斯和莱文做了一个非常简单的研究。当然，他们是在大学校园里这么做的（你会在这本书中注意到这个主题）。

场景：一个人拿着地图站在校园里，他看起来像是迷路了。他向你问路，你停下来，答应帮忙。大约在你停下来帮他之后一秒左右，有几个人说："借过！"然后他们粗鲁地走到你们两个人中间，他们还抬着一扇大门。正因为如此，有几秒钟你完全看不到对方。在这些人走开之后，你继续帮助那个迷路的人。你没有意识到一次经典的"突变"发生了：在你的视线之外，你正在帮助的这个迷路的男人被另一个男人顶替了，他和你交谈，就像什么都没有发生一样。在很多情况下，被试并没有注意到有什么不同。这就是所谓的"变化盲视"。

这种情况会发生往往有以下几个原因。

情况很平常。你在周遭并没有发现任何危险。毕竟，你只是从一个地方走到另一个地方，所以你不会期待任何奇怪的事情发生，因此你的唤醒水平很低。

对于这种情况，你有一个"脚本"。你注意到一个"在校园迷路的人"。你会看着他的地图，指出他应该去往的方向，然后你就又上路了。结果就是，你不会过多地关注正在发生的事情。

这个人是你的"外群体"的一员。西蒙斯和莱文注意到，当你帮助的人很容易被认定为不是你的"社会身份"圈内人之一时，那么"盲视"就更有可能发生。

我们都有社会身份，它能代表我们属于哪个群体。本研究以学生为被试。当寻求帮助的人显然不是学生时，这种"盲视"的效果尤其显著。有一次，西蒙斯和莱文让那个迷路的人穿得像一名建筑工人一样。因此，建筑工人对一个学生来说显然是一个"团体外的成员"。我们往往不像关注自己群体的成员那样关注外部群体的成员。当你不太注意的时候，一些你没有注意到的奇怪的事情就会发生。果然，学生们根本不可能注意到，他们刚刚与之交谈的建筑工人已被替换成了另外一位建筑工人。

当然，西蒙斯和莱文承认这种"盲视"是有局限性的。如果一位建筑工人被另一位高很多的建筑工人所取代，或者被一个完全不同的种族

（或性别不同）的人所取代，你可能会注意到。尽管如此，这些研究仍然表明，你会惊奇地发现我们竟然注意不到这么多。

▶ 让我们试一试

　　这项研究很容易复制。如果你在网上搜索"变化盲视"这个词，你会看到整个过程。以下是你需要的物品清单：

- 一个人可能迷路的地方，大学校园可能会很匹配，但公园或不太拥挤的街道也可以
- 大尺寸的门
- 2 张折叠地图
- 迷路人 1：一个人作为你的第一个"迷路的男生 / 女生"
- 迷路人 2：另一个人，与第一个人外形相似的男生 / 女生（但不要过于相似）作为你的"迷路人替代者"
- 扮演搬运工的 2 个人抬着门

怎么做

　　第一步：迷路人 1，站在不太拥挤的位置，拿出地图。他需要看起来像是迷路了。

　　第二步：搬运门的人站在附近，他们扶着门。他们可能在聊天，也可能只是看起来在等人。他们实际上是在等待你真正的被试过来。迷路人 2 则需要站在门后拿着展开的地图。只要搬运工一移动，他就要紧跟在门后。

　　第三步：当一个也许能提供帮助的人走到附近时迷路人 1 就会说类似于"不好意思，我迷路了。你能帮帮我吗？"这样的话。

　　第四步：一旦被试（"助人者"）来到离迷路人 1 大约半米远的位

置，搬运工就开始移动，迷路人 2 会跟在门后面。

第五步：其中一位搬运工会大喊："借过！"，同时他们抬着门径直从助人者和迷路人 1 中间穿过。（迷路人 2 需要隐藏在门后。）

第六步：迷路人 1，和迷路人 2 必须跳一段小小的"舞蹈"，这样他们就可以在遮挡助人者视线的时候交换位置。

第七步：迷路人 2 继续与助人者对话。他可以告诉助人者自己正在寻找一条距离不远的特定街道或建筑。迷路人 1 继续在门后挪动，直到远离被试的视线为止。

▪ 结　果 ▪

你需要做的就是在附近的某个地方仔细观察，看看被试是否注意到刚刚发生了什么奇怪的事情。你应该在乐于助人的人离开之前向他说明情况，让他知道自己刚刚参加了一项研究，并感谢他主动帮助了这个"迷路的人"。然后，你需要把所有参与实验的人都召集到一起，再问问助人者是否注意到迷路的人在门经过后换了衣服。你需要告诉助人者，人们在这种情况下看不到东西是多么自然。如果他感兴趣的话，你可以解释一下"变化盲视"的概念。最后，感谢所有人的帮助。

为什么这个实验这么重要

你可能已经想到这个"小把戏"可以被魔术师使用。你是对的。魔术师依赖的就是在观众不注意他们的时候去改变一些细节。为了让人们相信他们的"魔力"，他们会利用暂时让你分心（例如，那扇门），在你面前替换道具。对于目击犯罪的人来说，"变化盲视"也是一个问题。例如，人们认为自己看到某人卷入了一场犯罪，人们通常对自己所看到的事物很有信心，但研究人员向人们展示了一段犯罪的视频。在视频中，研究人员做了类似的事情：他们把罪犯换成了一个完全不同的人。有多少被试没有注意到这一点？令人惊讶的是，结果大约有 60% 的被试都没有注意到这一点。因此，这样的研究结果无法给目击者证词的准确性提供多少支持。

实验 29：你为什么会记得某些事情

➡ **"深度思考！伙计！"**

心理学概念： 加工水平

实验名称： 情景记忆的深度加工和单词记忆

原创研究者： 费格斯·I. M. 克雷克（Ferqus I. M. Craik）和安道尔·托尔文（Endel Tulving）

我们的记忆是如此重要。学生们当然要记住很多东西，他们在学校的成绩在很大程度上取决于他们的记忆能力。此外，目前的中老年人口占比正在逐步增加，因此有关这部分人群的记忆的研究受到了很大关注。你有没有听过有人说他们正在经历"老年失忆症"？

那么我们为什么会忘记呢？克雷克和托尔文认为，我们忘记的一个原因是，我们没有在深层次上处理我们想要记住的东西，而只是在浅层次上进行加工。这到底意味着什么？假设你听到了"bacchanalian"（狂饮作乐）这个词（没有多少人知道这个词的意思），它的意思是喝醉了或者参加一个可能会喝醉的庆祝活动。如果你在书中看到这个词你可能会注意到它有多长，或者觉得很奇怪，你可能会查询它的意思，但更有可能直接跳过它，也许你是希望未来能够知道其含义或者在理解某段文字时，希望真的不需要知道这个词。每个人都很忙，所以你只在表面上处理这个单词——你注意到它很长并且包含两个 c，或者它里面有 "alien"（外星人）这个词。然而，这些都不能帮助你把这个词和醉酒的意思联系起来。那你为什么会忘了你见过这个词呢？因为，说实话，你没有花时间更深入地理解这个词，如下图所示。

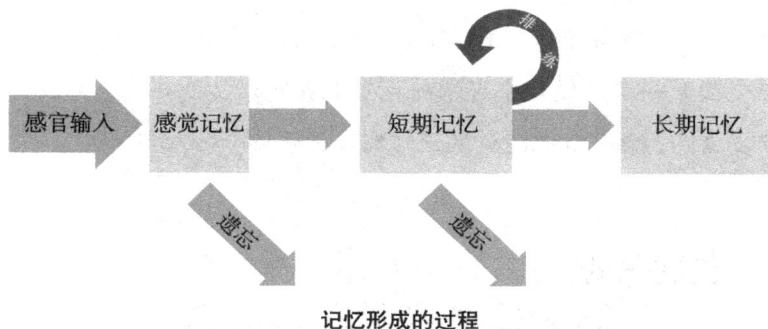

记忆形成的过程

好的，那我们如何对这个单词进行"更深层次"的处理呢？你得看着它，好好想想。你可以停留一分钟，仔细看看它前后的句子，试着猜测它的意思，看看它们是否为你提供了提示。你可以在网上查一下，了解一下它的罗马来源。记忆专家之所以能记住这样的单词，是因为他们把单词的某些部分与其含义联系了起来。在这种情况下，单词 "bacchanalian" 的前三个字母是 "bac"，"bac" 也代表"血液酒精含量"。

这就是所谓的深度处理。

原版实验

克雷克和托尔文给了他们的被试包含 60 个单词的列表（你可能已经注意到，给被试单词列表，然后请他们记住这些词的行为在心理学研究中相当普遍），这些单词之间没有联系。

有几组学生被要求阅读这些单词。小组之间的不同之处就是，当他们看单词时被告知接下来需要做不同的事情：第一组被试只是被告知要注意这些单词是大写还是小写；第二组被试则被要求只计算单词中元音的数量；第三组被问及这个词是否适合填空。前两项任务很容易完成，第三个任务要求被试在回答问题之前停下来想一想这个单词的意思。

当这些被试被要求回忆单词时，哪一组表现最好？当然是第三组。这组被试必须在比其他两组更深的层次上"处理"这些单词。

让我们做一个规模较小版本的克雷克和托尔文的研究，它将向你和你的朋友证明，深度加工对你的记忆有多么重要。

▶ 让我们试一试

你可以使用我在前文中介绍的基本大纲来复制这项研究。你需要的是：

- 3 组被试
- 包含 15 个单词的列表
- 30 张索引卡
- 为被试提供空白纸
- 为被试提供笔

任何单词列表都可以，15 个单词就足够了。如果你愿意，你也可以使用来自原始研究的 15 个词，如下所示。

• Speech（演讲）	• Flour（面粉）	• Nurse（护士）
• Brush（刷子）	• Honey（蜂蜜）	• Drill（钻孔）
• Cheek（脸颊）	• Knife（刀）	• Trout（鲑鱼）
• Fence（栅栏）	• Sheep（羊）	• Bear（熊）
• Flame（火焰）	• Copper（铜）	• Glass（玻璃杯）

怎么做

首先创建两副独立的索引卡，每副包含 15 张。在牌组的 A15 张牌中，每张牌都应该包含 15 个小写字母列表中的一个单词。在牌组 B 中，15 张牌中每张牌上都有一个单词，但一半的单词是大写，另一半单词则是小写，并且要确保每副牌都被洗得很好。

A 组

第一步：让这组人使用牌组 A。让你的被试坐在一张桌子旁，告诉他们你要以每次一个词的频率给他们展示 15 个单词。给他们最多 5 秒钟的时间来阅读单词。

第二步：让被试数出单词中元音的数量，并大声说出这个数字。

第三步：当他们完成任务时，把索引卡拿开。给他们一张白纸，让他们写下尽可能多的单词。

B 组

第一步：在这组中也使用牌组 A。让你的被试坐下来，告诉他们你要将索引卡上的 15 个单词展示给他们，每次展示一个单词。

第二步：让被试利用每个单词造一个句子，当他们想到了这个句子时，他们需要大声说出来。

第三步：当他们完成任务时，把索引卡拿走。给他们一张白纸，让他们写下尽可能多的单词。

C 组

第一步：在这个组使用牌组 B（包含大写单词和小写单词的组）。让被试坐下来，告诉他们你会将索引卡上的 15 个单词展示给他们，每次都会展示一个单词。

第二步：告诉他们大声说出这个单词是大写还是小写。

第三步：当他们完成任务时，把索引卡拿开。给他们一张白纸，让他们尽可能多写一些单词。

▪结 果▪

你可能会发现 B 组的人——那些必须为单词想出一个句子的人——会比另外两组记住更多的单词。这是因为造句的任务会使这个人思考这个词的含义。与其他两组的任务相比，这一组的被试需要做更深度的加工。

为什么这个实验这么重要

如果你想记住更多的东西，或者想在考试中取得更好的成绩，你就需要比平时更深入地学习。许多学生都认为把课本上的信息抄到家庭作业本中就意味着他们在学习，然后他们会很惊讶地发现自己考试考得并不好。这种"学习"只是一种表面功夫。学生们并没有真正思考他们在学习什么。花时间认真思考你所学到的东西会让你取得更好的成绩。其中一个方法就是学习之后试着向别人解释你学到了什么。如果你不能很好地描述你所学到的知识，或者其他人无法理解，那么你可能就需要重新学习那些材料。其他策略：为复杂的想法想出一些例子，或者看看你能否把它们应用到你的生活中。这些方法会使信息更有可能牢牢"粘在"你的大脑里。

实验 30：身体感知到的温暖如何使内心感到温暖

➡ "我逐渐接受了这个想法。"

心理学概念：心理依恋与具身认知

实验名称：爱的本质

原创研究者：哈利·哈洛（Harry Harlow）

复制/扩展名称：身体感知到的温暖促进人与人之间的情感升温

复制研究者：劳伦斯·E. 威廉姆斯（Lawrence E. Williams）和约翰·A. 巴夫（John A. Bargh）

你还记得哈里·哈洛做的一项研究吗？在这项研究中，他给猴子宝宝提供了一个用铁丝做成的"妈妈"和另外一个也是用铁丝做的但是用绒布包着的"妈妈"。当猴子被什么东西惊吓的时候，它们更喜欢粘在绒布妈妈身上——即使铁丝妈妈身上挂着一个奶瓶。从这些研究中我们了解到，婴儿之所以依赖母亲不仅仅是因为能够汲取营养。绒布妈妈的另一个不同之处是："她"身后有一个 100 瓦的灯泡，所以"她"既温暖又毛茸茸的。

这和我们有什么关系呢？你有没有告诉过你的朋友，你刚认识的人不太"热情"，或者有人对你很冷淡？似乎"温暖"这个概念是我们经常使用的一个词。如果你在网上搜索"使用'温暖'这个词的表达",你会得到很多结果。既然温暖有这么多积极的联想(如"坐在温暖的火炉旁""温暖且毛茸茸"和"热烈欢迎"),如果你在接近某人时感受到这个人的体温,你有没有可能会更喜欢他?

让我们来看看"温暖"在我们的日常生活中到底有多重要。

原版实验

你可以用一种相当直接的方式来测试这个想法:把一组人放在温暖的房间里,把另一组人放在寒冷的房间里,让他们互动。这是个不错的主意,但是当你让人们进入一个房间时,可能会发生各种各样的事情,此外,你究竟要测量什么?什么是"温暖"反应,什么是"寒冷"反应?

威廉姆斯决定用咖啡代替。他是这样描述这项研究背后的理论的:

我们假设仅仅是身体温暖的触觉体验就会激活人与人之间温暖的概念或感觉。此外,这种暂时增强的人际温暖概念的激活,应该会以一种无意识的方式影响人们对他人的判断和行为,而人们却没有意识到这种影响。

实际上,他所做的并没有那么复杂,具体步骤如下所示。

- 你同意参加一项心理学研究。你被要求在特定的时间出现在一栋大楼的大厅里。
- 你在预定的时间和地点出现,实验者正好拿着装有一些文件的夹子、一些教科书和一杯热咖啡。到目前为止,所有情况还算正常。
- 实验者说:"实验将在楼上进行,所以我们都上电梯吧。"每个人都上了电梯。看起来还是没什么特别的……
- 当你上电梯时,实验者说她想把每个人的名字都写在她的笔记板上，问你能不能帮她拿一下咖啡。你回答："没问题。"

你刚刚被"温度启动"了，你拿了一杯热咖啡。对于其他被试来说，实验者拿着的是一杯冰咖啡。接下来情况会如何呢？

当你到达你的楼层时，你被告知你将要参与的研究是关于"人的感知和消费主义"的，当然这并不是真的。你得知了一个人（A）的描述是这样的：

A 是聪明、熟练、勤奋的人，而且 A 性格坚定、务实、谨慎。

你被要求仅仅根据上述性格描述圈出一个可以代表 A 的十个性格特征的相关评分数字。（例如"诚实"与"不诚实"）。

结果如何？即使没有那么多的信息，威廉姆斯和巴夫发现，拿着热咖啡的被试对"温暖"这一项的评分非常高。

难以置信，是否拿着一杯热咖啡这样的小事就能影响你对一个素未谋面的人的感觉呢？让我们来验证一下吧。

▶ 让我们试一试

你不需要太多的设备来复制这项研究。你可以像威廉姆斯和巴夫那样做。

你需要的是：

- 一杯热咖啡
- 一杯冰咖啡
- 写字板
- 文件

- 教科书
- 2 ~ 4 人
- 对一个人 A 的描述
- 给被试提供书写工具

怎么做

A 组

第一步：让你的被试在预期的时间、地点出现。你拿着一个装着文件的文件夹、一些课本和一杯热咖啡向他打招呼。

第二步：当你走到实验区域的时候和被试说自己需要在写字板上写一些东西，并请你的被试拿着你的热咖啡。你的被试将短暂地拿着你的咖啡——从 15 到 25 秒不等。

第三步：让被试坐在一张桌子旁，给他描述一个人（A）的特点，然后被试应该用威廉姆斯和巴夫所使用的量表圈出数字，给 A 打分：

1. 慷慨的　1　2　3　4　5　6　7　吝啬的

2. 开心的　1　2　3　4　5　6　7　不开心的

3. 脾气好的　1　2　3　4　5　6　7　易怒的

4. 善于交际的　1　2　3　4　5　6　7　不爱交际的

5. 体贴的　1　2　3　4　5　6　7　自私的

6. 有吸引力的　1　2　3　4　5　6　7　没有吸引力的

7. 无忧无虑的　1　2　3　4　5　6　7　严肃的

8. 健谈的　1　2　3　4　5　6　7　安静的

9. 强壮的　1　2　3　4　5　6　7　虚弱的

10. 诚实的　1　2　3　4　5　6　7　不诚实的

B 组

第一步：让你的被试在预期的时间和地点出现。你拿着一个装着文件的夹子、一些课本和一杯冰咖啡向他打招呼。

第二步：当你走到实验区域的时候和被试说自己需要在写字板上写一些东西，并请你的被试拿着你的冰咖啡。被试拿着冰咖啡的时长大概为 15 秒到 25 秒。

第三步：让被试坐在一张桌子旁，向她描述一个人（A）的特点，然后被试应该用与 A 组相同的量表给 A 打分。

▪ 结 果 ▪

我们只对人们圈出的前 5 个问题的数字感兴趣。这些是研究人员们认为会受到"暖 / 冷"效应影响的问题。他们把选项调换了一下，这样更大的数字代表着更温暖。他们发现，热咖啡组给 A 的人格评分平均为 4.71 分，而冰咖啡组给人的人格评分平均为 4.08 分。这并不是一个巨大的差异，但在统计学意义上却是差异显著的。

为什么这个实验这么重要

身体上的温暖对孩子的成长很重要。显然，温暖的感觉会对我们的生活产生深远的影响。广告商也明白这一点。这就是为什么他们试图将自己的产品与温暖的壁炉、热巧克力杯等联系起来。他们希望通过这样的方式，让消费者被他们的产品"温度"吸引。

实验 31：红色会让你更有魅力吗

➡ "这种颜色让你看起来真美！"

心理学概念：吸引力

实验名称：浪漫红色：红色增强女性对男性的吸引力

原创研究者：安德鲁·J.埃利奥特（Andrew J. Elliot）和丹妮埃拉·涅斯塔（Daniela Niesta）

男人会更喜欢穿红色衣服的女人吗？我们都希望自己看起来最美，尤其是在恋爱的时候。我们知道颜色对吸引力的影响，例如，红色代表"热"，而蓝色代表"冷"。用红色来吸引男性的观点有着悠久的历史：红色口红和胭脂在古埃及就被女性使用。当你坠入爱河或两个人在调情时，你的脸会发生什么变化？

正如这些研究人员所指出的，社会上红色与性的配对有着悠久的历史，并且一直延续到今天。在人类学家所知的一些早期的宗教仪式中，赭红石被用于对女性的脸部和身体进行彩绘，象征着生育能力。在古代神话和民间传说中，红色经常以激情、欲望和生育的象征出现。

让心理学研究人员来收集一些关于这个话题的确凿数据吧。

原版实验

埃利奥特和涅斯塔首先收集了漂亮女人的照片。研究人员在进行与吸引力相关的研究时，总是在寻找一点"个性化解读的余地"，所以他们不想要像电影明星那样特别美丽的女人的照片（除此之外，她们的脸也被众人熟知），而是想找一些任何人都会在 10 分制的前提下给出 7 分左右的女性照片。想找到合适的照片，你需要做的就是拿很多照片给人们看，直到你找到一张很多人都一致给出 7 分的为止（研究人员使用了一张女性的照片，她在 9 分制中得到了 6.8 分）。

他们制作了一张特定尺寸的图像，并将其居中放在一张特定尺寸的纸上。起初，他们使用了颜色不同的纸。其中一组看到"比较有魅力的成年女性"的照片被贴在了一张红色的纸上，而另一组看到的照片则是在哑光白色背景的中央。

果然，男性对他们在红纸上看到的女性给出的吸引力评分为 7.4 分左右，而对白背景的女性给出的评分为 6.4 分左右。有趣的是，无论背景颜色如何，女性被试对吸引力的评估并没有显著差异。研究人员还要求被试填写量表，以衡量他们认为在红纸上看到的女性是更聪明还是更善良。他们没有发现被红色或白色包围的女性在这方面的评分有什么不同。

埃利奥特和涅斯塔还用 Photoshop 修改了一张富有魅力（中等水平）的女性在照片中所穿着的衬衫的颜色。当这名女性穿着一件红色的衬衫时，她再次被认为比穿蓝色衬衫时更有吸引力。

这项研究并不难复制。如果你有一些 Photoshop 的照片编辑技巧那就太好了，但是我想我们可以解决这个问题。就让我们一探究竟吧。

▶ 让我们试一试

你需要一张富有魅力女性的照片，或者你也可以在研究中做些改变，找一些男性的照片，这样你的被试就变成女性了。如果你想这样做，那就去做吧！

对于这个例子，我将延续研究人员所做的大部分工作，你可以根据自己的需求修改流程。所以，你需要给自己找一张女人的照片，具体要求如下所示。

- 女人应该有适度的吸引力并露出微笑
- 需要肩以上的照片
- 照片中不应该有任何其他人或其他东西
- 照片需要用纯白色背景

你做这个实验时将需要：

- 一张女性的照片
- 2 组被试
- 印有与吸引力相关问题的一张纸
- 为被试准备书写工具

怎么做

第一步：上网，搜索和下载图片，使用"中等魅力女性的独照"。"独"这个词可以帮助你找到更多白色背景的单人照。

第二步：把照片给朋友们看，让他们给她打分（1 ~ 10 分）。挑选一个评分在 6 分或 7 分的女性的照片。

第三步：你需要改变她穿的上衣的颜色。如果你有 Photoshop，但还不知道如何使用，你可以在网上搜索"改变衣服颜色"，你会找到很多教程。不过，iOS 和安卓的手机应用程序也可以帮你变换图片颜色。搜索"改变衣服颜色的应用程序"，你会发现一些免费或低成本的应用程序。不管用什么样的工具来改变她衣服的颜色，你都需要两张一模一样的照片，但在一张照片中她穿的是红色的上衣，而另一张照片中她需要穿蓝色（或绿色——研究人员尝试了好几个颜色，红色总是在评分中胜出）的上衣。

第四步：埃利奥特和涅斯塔把他们的照片打印在纸上，但你也可以用智能手机把照片发给你的被试。

第五步：打印出埃利奥特和涅斯塔给他们的被试的问题，让他们打分。问题是：

你觉得这个人的吸引力有多大？

完全没有 **1 2 3 4 5 6 7 8 9** 非常大

如果我和这张照片里的人面对面，我会觉得她很有魅力。

不，绝对不会 **1 2 3 4 5 6 7 8 9** 是的，肯定会

假设你没有约会对象，并且决定尝试通过使用电脑择偶。如果你在电脑择偶网站上看到这个人，你会约她出去吗？

不，绝对不 **1 2 3 4 5 6 7 8 9** 是的，肯定会

假设你要和这个人约会，钱包里有100美元，你会在约会上花多少钱？

0 10 20 30 40 50 60 70 80 90 100（单位：美元）

A组：红衬衫

第一步：当你的被试准备好了之后，就像埃利奥特和涅斯塔所做的，告诉他们你正在研究异性眼中的第一印象。当然，这并不完全正确，但研究完成时，你会向他们说明实际情况。

第二步：给这些被试看穿红色衬衫的女人的照片。你可以把图像打印出来或者把它存在你的手机里，但是每次使用的方法要一致。

第三步：把打印在一张纸上的问题交给你的被试。让他们回答问题，在他们回答完后，在纸的背面写上"红色"。然后你就能给他们说明这项研究的真正目的。

B 组：蓝衬衫

第一步：在你的被试准备好以后，告诉他们你正在研究异性眼中的第一印象。当然，这并不完全正确，但当研究完成后，你将向他们说明实际情况。

第二步：给这些被试看穿蓝色衬衫的女人的照片。你可以把图片打印出来或者存在你的手机里，但每次使用的方式要一致。

第三步：把打印出来的问题交给你的被试。让他们回答问题，他们回答完后，你在纸的背面写上"蓝色"。然后你就可以解释这项研究的真正目的了。

▪ 结 果 ▪

对每个被试来说，把前两个问题加起来就能得到平均的"吸引力评分"，因为这些问题本质上问的都是同样的问题。把其他两个问题的答案按组平均下来。我想你会发现穿红衬衫的女人被认为更有吸引力、更有可能被约出去，并且会有更多的钱被花在她身上。毫无疑问，你已经注意到，这项关于性别角色的研究相当传统：男人在衡量女人的吸引力，他们在决定是否约她出去，甚至在预估他们想花多少钱在她身上。欢迎大家对本研究做一些调整或更新，例如，让女性去评价穿红、蓝衬衫的男性。你还可以看到颜色是否会影响一个人的评价，即他或她是否会对穿红色或蓝色衣服的人感兴趣。

为什么这个实验这么重要

如果你正在寻找恋人，穿红色衣服是你最好的选择。但是请注意，红色也用于广告、红色的汽车和红色的产品包装。你可以肯定的是广告主已经在他们的实验室里试用了各种不同颜色的包装，他们非常了解哪种颜色最受欢迎。他们早在产品上架之前就已经做完上述实验了。

实验 32：我们的身体比我们想象的更能影响我们

➡ "是本末倒置？还是主次颠倒？"

心理学概念：情绪

实验名称：杜兴微笑、情感体验和自主反应：面部反馈假设测试

原创研究者：罗伯特·索西根（Robert Soussignan）

你微笑是因为快乐，还是因为微笑而快乐？当然，我们大多数人认为第一种观点是正确的：我们感受一种情绪，然后通过身体来表达它。但是想一想，你有没有告诉过你的朋友，当他情绪低落的时候应该站起来，到别的地方去，找点乐子，把注意力从那些困扰他的事情上转移？我们这样做是因为我们知道改变你的身体位置——站起来，四处走动，看看新事物——可以改变我们内心的感觉。

所以，尽管"你因为微笑而快乐"一开始听起来很奇怪，但这句话可能确实有些道理，如下图所示。因此，让我们来看看心理学家们是如何研究这个问题的，然后你会发现，你也可以用一个奇怪而有趣的小实验来检验这个问题。

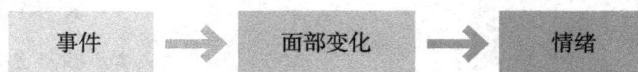

事件 ➡ 面部变化 ➡ 情绪

面部变化引发新情绪

原版实验

我们现在研究的是"面部反馈假说"，也就是你通过面部肌肉接近微笑的程度来判断某件事有多好笑。我知道这个研究可能听上去有些新奇。

那么，我们如何让别人在不知情的情况下微笑呢？索西根提出了一个想法，他告诉被试他们正在参与帮助残疾人的研究。以下是被试被告知的内容：

> 这项研究是一个不能用手控制环境的肢体残障人士项目的一部分。然而，人们可能认为训练会使这些人能够使用他们身体的其他部分（嘴或脚）来完成日常的心理运动或认知任务。我们希望你完成的任务是专门评估你对用嘴握笔的特殊技巧的反应的。我们将比较几种握笔技巧。你还需要用嘴叼着铅笔，并使它指向你对面的电视机。

用嘴叼铅笔有4种方法，最后一个是让面部肌肉呈微笑时的状态。请拿一支铅笔试试以下这些方法。

1. 用牙咬住铅笔，轻轻张开嘴唇，不要碰铅笔。

2. 用嘴唇紧紧裹住铅笔，不要用牙齿碰它。

3. 用牙齿咬住铅笔，避免嘴唇接触铅笔，模仿实验者（他的嘴唇稍稍向后拉了一下）。

4. 用牙齿咬住铅笔，避免嘴唇接触铅笔，模仿实验者（嘴唇往后拉，抬起脸颊）。

最后一种方法会让你在不知不觉的情况下露出笑容。

现在，你如何向被试展示一些有趣的东西，以找出使用第四种方法的人（那些已经在笑的人）是否认为这种方法比其他组的被试所使用的方法更有趣？索西根只是把一台电视机放在他们面前，给他们看其选择的"或多或少令人愉快的或有趣的"短视频。他们要把铅笔指向他们最关注的屏幕部分。在这项研究中，没有一个被试意识到研究人员实际上是想看看面部反馈假说是否得到了验证。果不其然，用一种近似于微笑的表情咬着铅笔的人觉得视频是最滑稽的。

▶ 让我们试一试

你可以用最后两种握笔的方式和一些有趣的视频来复制这项研究。

怎么做

第一步：使用索西根的封面故事，你正在研究身体残障的人拿着铅笔在家里操作周围事物的最佳方式。和往常一样，稍后你要向被试说明你真正在研究的内容。

第二步：让一组被试坐在电视机前约 30 厘米的地方，嘴里叼着一支铅笔，嘴唇微微后拉。

第三步：让你的另一组被试坐在电视机前约 30 厘米的地方，用牙缝夹着一支铅笔，嘴唇微拉，脸颊抬起。

第四步：在你的电视上给每个人（虽然你可以分组）放一个 3 分钟长的视频。你不应该选择太搞笑的视频，否则你的被试会弄掉他们的笔，或者看穿你在做什么。你可以试着找一部时长约为 3 分钟、令人愉快的视频合集。

第五步：在播放视频之前，让你的被试把铅笔指向屏幕上任何吸引他们注意力的地方。

第六步：开始播放视频。

第七步：视频结束后，把以下 2 个问题打印在纸上，让每名被试在每个量表上圈出一个数字。

用这种方法拿铅笔有多难？

一点也不难　**1　2　3　4　5　6　7　8　9　10**　非常难

你感觉这段视频如何？

一点也不搞笑　**1　2　3　4　5　6　7　8　9　10**　非常搞笑

第八步： 感谢他们的参与。在每一个人或每一组完成任务后，你可以向他们说明并告诉他们一些关于"面部反馈假说"的情况。

▪ 结　果 ▪

你真正感兴趣的只是他们对视频剪辑反应相关的第二个问题的答案。如果"面部反馈假说"是正确的，脸颊抬高的那组人与另外一组相比应该会认为视频更有趣。不过，并不是所有的研究者都发现了这一点，所以你将处于这场争论的"前沿"。

为什么这个实验这么重要

认识到影响是双向的这一点非常重要——我们的思想影响着我们的身体，我们的身体向我们的大脑提供反馈，帮助我们了解自己。如果你发现自己在狂笑或哭得很伤心，你就会根据身体的这种反馈来判断自己的情绪处于何种状态。许多喜剧演员认为，带有比较硬的"k"字音的单词之所以好笑（例如 chicken 和 quack），是因为"k"字会让你的脸呈现出类似于微笑的状态。有些事情是值得我们去仔细研究的。

实验33：当你试图让自己看起来很好时，结果却适得其反

➡ **"我的天啊，你说得多难听啊！"**

心理学概念： 理解力 / 影响力

实验名称： 在不必要的情况下滥用复杂词汇的结果

原创研究者： 丹尼尔·奥本海默（Daniel Oppenheimer）

总有一天，你要写一封电子邮件来给别人留下深刻印象。也许你会为一份工作写一封求职信，或者为学业写一份作业，或者给你的老板写一张便条。你会倾向于使用比你通常使用的词更正式的词汇。我们将要描述和进行的研究就测试了这一点，结论很清楚：请不要这样做。因为你只会让你的文字更难阅读和理解，这会导致你的读者认为你不如那些能以更朴实的方式写作的人聪明。让我们来看看心理学家是如何研究这个问题的。

原版实验

在进行一项关于复杂的词对信息关联印象的影响的研究时，你需要

让被试阅读和判断一些东西。由于丹尼尔·奥本海默是斯坦福大学的教授，他决定利用一些他非常熟悉的内容：大学四年级学生写的关于他们为什么想去读研究生院英文文学学位的论文。奥本海默使用了大约由 75 ～ 100 个词组成的一个段落。

你希望你的被试都能读到基本相同的段落，但是你需要这些段落包含一些复杂的词汇。奥本海默的解决方案很优雅：他选取了一段相对容易阅读的文本，并创建了一个中等难度的版本，"用 Microsoft Word 2000 同义词库中最长的词条替换第三个名词、动词和形容词"。然后，他创造了一个高度复杂的版本，他不仅用更长的对等词替换了第三个名词、动词和形容词，而且用更长的词替换了每个单独的名词、动词和形容词。

让我们看一个例子。奥本海默从这段相对容易理解的文字开始：

> 我想读研究生，这样我就能学习理解文学。我想探讨小说的形态、意义及其文学渊源。我想了解这部小说在不同的文学时期意味着什么，以及它对人们的意义。我想探索它的不同形式、现实主义、自然主义等模式，以及其所揭示的维多利亚和现代主义意识。

奥本海默通过替换第三个名词、动词和形容词，使这段文字变得稍微难以理解：

> 我想读研究生，这样我就能学会很好地识别文学。我想探讨小说的人物、意义及其文学渊源。我渴望了解这部小说在不同的文学时期代表了什么，以及它对人们的意义。我渴望探索它的不同方式（manners）、现实主义、自然主义等模式，以及其所揭示的维多利亚和现代主义意识。

奥本海默通过替换所有的名词、动词和形容词，使这段变成了一个高度复杂的段落：

我渴望读研究生，这样我就能学会良好地认识文学。我想研究小说的人物性格、叙事内涵及其文学渊源。我渴望理解这个故事在许多文学时期所代表的意义，以及人们对它的期望。我想研究它的许多形式、现实主义、自然主义和其他方法，以及维多利亚和现代主义意识的发现。

被试需要阅读这些段落，然后决定是否接受这个人进入研究生院，并评估这个人对读研究生的信心。

结果呢？那些听起来很有智慧的复杂文章很少被接受，也被认为缺乏信心。我们来看看能不能复制上述研究。

▶ 让我们试一试

首先，也许你没有必要"重新发明轮子"。如果你想用奥本海默写过的段落，那就直接用吧。但是你可以把这项研究放在另一种情况下，例如申请工作，怎么样？

你需要的是：

- 3 组被试
- 写得好的求职信的例子

你可以在网上找到两封写得很好的求职信。你不需要一封完美的求职信，只要一封写得很好的求职信就可以。

怎么做

第一步：像奥本海默一样，识别段落中每个句子中的名词、动词和形容词，然后使用计算机内置的同义词库查找同义词。创建一个中等复杂的版本，每隔 3 个这样的单词复制一个更长的单词，但需要保证二者的意思是一样的。

第二步：接下来创建一个高度复杂的版本，用一个更长的、更复杂的词替换同义词库中的每个名词、动词和形容词。在这一过程中我们可能需要对文本进行一些"修改"，以确保新单词与句子的其余部分很好地匹配，但是请尽可能少地修改其他单词。

A 组

第一步：把你在网上找到的求职信的段落给这个小组，告诉他们你正在研究写作的过程，并让他们阅读该文章。

第二步：阅读完段落后，让所有的被试圈出这两个问题的答案：

你会雇用这个人做这项工作吗？

是或否

你对这个决定有信心吗？

–7 –6 –5 –4 –3 –2 –1 0 1 2 3 4 5 6 7

一点也不自信　　　　　　　　　　　　　　非常有信心

B 组

第一步：给这组人提供基于原文创建的比较复杂的段落。

第二步：让被试圈出你给 A 组的问题的答案。

C 组

第一步：把你创建的高度复杂的段落交给这个组。

第二步：让被试圈出你给 A 组的问题的答案。

▪ 结 果 ▪

奥本海默以一种独特的方式把这 2 个问题放在一起：如果一个人圈了答案"是"，答案就应被标记为 +1；如果一个人圈了"否"，那么他的回答将被标记为 –1。然后，他需要用这个数字乘以这个人在信心量表上圈出的数字。为什么？假设你认为这个人不应该被录用（No =–1），而你对此很有信心（7）。此外，如果你同意雇用这个人（+1），并且你对这个决定也很有信心（+7），那么你的评分就是 a+7。所以，更大的数字意味着你对这个人更有信心。

你可能会发现奥本海默发现的结果：那个在文章中没有使用任何复杂词汇的虚拟人物被认为是最积极的。

为什么这个实验这么重要

他的研究为我们提供了一些明确的暗示：不要试图在写作过程中表现得过于聪明。仔细权衡一下你的求职信或入学申请书，但不要用华丽的辞藻把它搞砸。正如一位著名的心理学家达里尔·贝姆（Daryl Bem）曾经说过的那样："揭露真相的第一步就是朴实地写作。"对了，还有一个叫阿尔伯特·爱因斯坦的人（Albert Einstein）说过："如果你不能用简单的语言描述事实，就说明你没有完全领悟。"

实验 34：大脑图像与说服力

➡ "你看到一张大脑的照片了吗？现在你相信我了吗？"

心理学概念：说服力 / 影响力

实验名称：眼见为实：大脑图像对科学推理判断的影响

原创研究者：大卫·P.麦凯布（David P. McCabe）和艾伦·D.卡斯特尔（Alan D. Castel）

复制 / 扩展名称：在有 / 没有说服力的大脑图像上

复制研究者：罗伯特·B.迈克尔（Robert B. Michael）、艾琳·J.纽曼（Eryn J. Newman）、马蒂·沃尔（Matti Vuorre）、杰夫·卡明（Geoff Cumming）和玛丽安娜·加里（Maryanne Garry）

在这一章，我们要做一个"打击"我们的意识的研究。我们将设法解决研究人员之间的一场争论。你可以想象，研究人员们起争执的画面也许不是很美。他们争论的一件事是当某个科学发现实际上并不可信时，说服公众相信它仍是那么容易。

当你在网上浏览一些网站时，你肯定会看到一些文章，其中会包含丰富多彩的、令人印象深刻的大脑的图片。这些图像通常来自核磁共振成像或正电子发射型计算机断层显像（PET）脑部扫描。它们看起来很"科学"。如果我是一名记者，我发现了一个可疑的研究，这个研究很可能是失败的，但它能成为一个有趣的话题（我可能会让你点击它），我能否仅仅通过在网页上呈现出一张脑部扫描图片来让你相信这是一项成功的科学研究？

一些研究人员会说，极有可能，因为我们很容易被大脑的图片所说服。其他人，包括迈克尔等人给出了否定的答案。让我们亲自来解决这个争端吧。

原版实验

麦凯布和卡斯特尔做了最初的研究，所以让我们复制他们所做的。其实挺简单的，他们向被试展示了他们在网上找到的一篇文章，其中描述了一项声称大脑扫描可以被用作测谎仪的研究。这个想法听起来似乎可行：当你在编造谎言时，你的大脑要比你简单地说出真相时工作得更努力。因此，如果我们让你做功能性磁共振成像（fMRI）时让你说谎，我们将看到你的脑额叶（负责你所有复杂思维的脑叶）非常活跃，这意味着你可能在试图编造一个谎言。

事实上，这项研究有点可疑。这项研究的被试主要是由志愿者完成的，他们被要求在做脑部扫描时说谎，所以我们这里说的不是真正的罪犯。此外，你的额叶总是忙碌地想着一件事或另一件事。也就是说，在这种情况下，当这些人试图编造一个好的谎言时，其脑额叶就变得很忙。在现实生活中，当一个无辜的人非常努力地把他们看到的细节拼凑在一起时，难道他的脑额叶不会变得很忙吗？

▶ 让我们试一试

这项研究并不难复制。你需要的是：

- 2 组被试
- 用大约 500 字描述一项可能有点争议或至少有点难以理解的研究的文章（麦凯布和卡斯特尔使用的文章仍然可以在网上被找到，你也可以直接使用这篇文章）
- 功能性磁共振成像图片，这很容易被找到，你只要搜索"功能性磁共振成像大脑扫描"并下载一张彩色的大脑图像即可

怎么做

第一步：复制文章的标题和文本，并将其保存到你的计算机上。

第二步：在文章的底部输入这个问题：你同意还是不同意文章的结论_____？以一个空格替代这篇文章的结论。在上述情况下，结论应该是大脑扫描可以用来检测谎言。在问题下方，用1分到10分来打分，"非常不同意"接近 1 分，"非常同意"接近 10 分。

第三步：按照目前的版本复制本页，在本页右上角的标题旁边插入你的功能性磁共振成像大脑扫描图像。不要让图片太大，否则你的被试可能会怀疑你到底想做什么。

A 组

第一步：告诉这个小组的被试，你正在做一些神经科学方面的研究。让他们阅读这篇文章（没有脑部扫描图片的那一个版本）。

第二步：请这组被试回答下面的问题，这个实验就结束了。从他们手中接过纸，做一个简短的说明——告诉他们其实你真正想了解的是大脑图像的说服力。让他们不要把你的研究告诉任何人，并告知他们你非常愿意让他们知道你的发现。

B 组

第一步：给这组被试一篇文章，其中包括大脑扫描的图片。

第二步：让这组被试回答与 A 组相同的问题。

▪ 结 果 ▪

由于这是一场"竞技"，我们真的不知道结果将如何。如果麦凯布和卡斯特尔是正确的，你会在有大脑扫描图片的那一组得到数字更大的量表答案。如果迈克尔等人是正确的，你就不会发现两组之间有任何差异。你将参与科学研究过程的一个关键组成部分（一个经常无法完成的部分）：一个旨在验证原始研究的结果是否可信的新研究。

为什么这个实验这么重要

很多科学文章经常被刊登在报刊上，我们是否能相信我们读到的信息是非常重要的？记住，并非所有的研究都是好的研究，记者往往对你是否知道真相不那么感兴趣。他们感兴趣的是让你点击文章标题并访问他们的网页。如果一张大脑的图片能让他们做到这一点，他们就会用它来说服你。希望迈克尔等人是对的——你其实并不那么容易被说服。

实验 35：我们的大脑喜欢好奇心

➡ "你阅读这篇文章有 5 个原因！"

心理学概念： 神经科学之动机 / 说服力

实验名称： 学习的原动力：认知性好奇激活奖励回路，增强记忆力

原创研究者： 姜闵郑（Min JeongKang）、徐明（Ming Hsu）、伊恩·M. 克拉比奇（Ian M. Krajbich）、乔治·勒文斯泰因（George Loewenstein）、塞缪尔·M. 麦克卢尔（Samuel M. McClure）、王陶一（Tao-yi Wang）、科林·F. 凯莫勒（Colin F. Camerer）

神经系统科学是目前心理学学科中最受欢迎的领域之一。部分原因是随着所有新的大脑扫描技术的出现（如 MRI、fMRI、PET）我们终于能够看到"大脑里的黑匣子"，看到里面发生了什么。研究人员已经检验了我们的好奇心。你是否曾经遇到过用电脑工作的时候，脸书或推特上弹出一个非常有趣的问题的情况？我敢打赌你肯定会无法抗拒，你会停下手头的工作去寻找答案。

康等人决定看看当我们的好奇心被激起时，我们的大脑里会发生什么。我猜你家里没有 fMRI 扫描仪，所以我们没有办法复制他们研究中的这一部分，但我们仍然可以测试他们的结论。我敢打赌，在这个过程中，你会学到一些对日常生活非常有用的东西。

原版实验

康等人用 fMRI 扫描仪对被试进行测试，并向他们提出一些琐碎的问题。其中有一些问题是之前被列为让人们非常好奇地寻找答案的问题，而其他的问题只是有点有趣。以下是他们使用的一些能激发强烈好奇心的问题：

- 世界上失窃最多的书是什么书？（《圣经》）
- 什么零食是炸药的成分？（花生）
- 什么品种的狗是美国法庭上唯一可以被接纳证词的动物？（寻血猎犬）
- 世界上哪个国家的女性主宰着政府？（比利时）
- 除了人类以外，什么动物会被太阳晒伤？（猪）

以下是一些只能激发一点点好奇心的问题：

- 杰瑞·宋飞（Jerry Seinfeld）和他的伙伴们在大结局中被判了多长时间？（一年）
- 根据《美国新闻与世界报道》（U.S.News），哪所学校中 25 岁以上的学生最多？（菲尼克斯大学）
- 哪座城市被称为"南方的匹兹堡"？（亚拉巴马州的伯明翰）
- 哪个总统的名字里有 3 个 A，而且每个 A 都有不同的发音？［亚伯拉罕·林肯（Abraham Lincoln）］
- 哪位运动员曾出现在麦当劳、耐克和汉尼斯（Hanes）的广告中？［迈克尔·乔丹（Michael Jordan）］

康博士发现，当被试被问及令其好奇心强的问题时，他们大脑的以下区域会变得活跃起来：

- 尾状核

- 双侧前额叶皮质

- 海马旁回

- 硬膜

- 苍白球

现在，除非你是一名脑科学家（我也不是），否则你可能不知道大脑的这些区域在发生什么。事实证明，它们与大脑的奖励回路和记忆中心都有关。因此，当我们找到真正有趣的问题的答案时，大脑似乎会奖励我们。康还发现，当答案与我们最初的想法相悖时，这些与记忆有关的大脑区域会"启动"，进而帮助我们记住这些新信息。

让我们来试一试。

▶ 让我们试一试

几乎每次你去浏览一个网站，你都能在工作中看到这项研究的结果。任何想要吸引你访问其网站的人，都能很好地利用能够引发好奇心的标题来"吸引"你。你见过这样的帖子吗："这只狗找到了回家的路，你不会相信接下来会发生什么！"或"避免做这 5 件事，你就不会生病！"等，这类标题试图灌输一种"好奇心之痒"或"知识鸿沟"，进而促使你"必须"找到答案。

康的研究的第二部分没有使用功能性磁共振成像，因此可以被复制。我们要做的是设计一个假网站——一个包含"引起好奇心"的标题和不引起好奇心的标题的网站。人们可能会点击哪些？

以下是你需要的：

> · 为假网站做一个空白背景。你可以在文字处理程序中使用一个空白页，但是用一个海报板可能会更有趣
>
> · 用能引发好奇心的标题的 5 篇文章，另外 5 篇则不用
>
> · 一些被试

怎么做

第一步：你可以使用网站的文章标题，这些网站非常灵活地运用了这种策略，找 10 篇你喜欢的文章。

第二步：从这几篇文章中选出 5 篇，并想出不会引起太多好奇心的标题。例如，这里有一个真正能引起好奇心的标题："29 张照片证明美国和英国都把食物毁了。"你真的很想知道这些食物是什么，不是吗？而一个与之对应的无聊标题可以是"美国食物和英国食物之间的差异"。

第三步：把这 10 个标题（其中包括 5 个能引起好奇心的标题，和 5 个无法引起好奇心的标题）放在你空白的文字处理页面或海报板上。将字体加大并将标题排列在页面上，这样看起来就像在构建一个网页的模型。当然，大多数网页也包含图片，但我们只对标题之于好奇心的影响力感兴趣，所以最好不要加上图片。

第四步：这项研究不需要对被试进行分组。你需要将你的"网站模型"展示给你所有的被试，一次仅向一位展示。

第五步：向被试展示页面或海报板，并告诉她，如果这是一个真实的网站，她可能会点击 10 篇文章中的哪 5 篇。

第六步：如果你将在海报板上这样做，你可以给你的被试每人 5 枚筹码，并让他们在其会点击的 5 篇文章旁边放 1 枚筹码（这就是康使用的方法）。如果你在电脑上这样做，你可以加粗他们选择的标题的文本。

第七步：最后你需要确保向你的被试说明你到底想要研究什么。

▪结 果▪

我想你会发现你的被试会选择能引发其好奇心的标题。正如康等人使用 fMRI 发现的那样，这类标题实在是让人太难以抗拒了。

为什么这个实验这么重要

不管你喜不喜欢，你每天都是受影响的目标。你应该意识到广告商正在利用这种"好奇心效应"让你点击他们的商品的页面，而且，由于你可能意识到自己的点击行为正在被商家"监视"，你将看到更多点击的内容，因此你会抵制点击那些看起来有趣但对你来说并不重要的内容，或者在你需要完成工作的时候关掉通知功能。

实验 36：什么主导了我们产生这样的行为

➡ **"我可以让你做我想做的任何事！"**

心理学概念： 行为主义 / 操作性条件反射

实验名称： 鸽子的"迷信"行为

原创研究者： B. F. 斯金纳（B. F. Skinner）

当人们被问及脑海中浮现的心理学领域的内容时，大多数人会说巴甫洛夫的狗、弗洛伊德本人或者花瓶 / 脸错觉。但排在清单前列的还有迷宫里的老鼠和"斯金纳盒子"里的鸽子。弗雷德里克·斯金纳的确用鸽子做了大量的研究，而且他的发现经受住了时间的考验。这些伟大的心理学家们仍然应该得到尊重。

让人们对斯金纳望而却步的是，在解释我们为什么要做我们所做的事情时，他忽视了我们的思想。他更喜欢关注来自我们环境的强化因素。斯金纳会说你之所以做你在做的事很大程度上是因为你曾经被要求这样做（例如，获得了糖果或受到了别人的关注）。我猜你家里没有养鸽

子，不然你可以试试做这个实验。因此，我们可以将人类当作被试来做一些创新的并且能调节（或塑造）他们的行为。

原版实验

在斯金纳所做的最著名的一项研究中，他展示了甚至是"迷信"的观点——我们原以为是人类特有的东西——是如何在鸽子身上产生的。在通常情况下，斯金纳可以让鸽子做出非常具体的行为，例如，啄去一根棒子或把它们的头抬得尽可能高，甚至是打乒乓球。当鸽子表现出的小行为接近于他想让它们做的大行为时，他会奖励它们。这种方法后来被称为"逐次逼近法"，或者更确切地说是"塑造"。

然后他决定在随机的时间段往盒子里扔一个食物球，看看他是否能创造出一种看起来像迷信的行为。果然，过了一会儿，当小球掉进盒子里时，鸽子开始做它们碰巧在做的事情。斯金纳称之为"条件反射"。他是这样进行描述的：

> 一只鸟被训练之后在笼子里逆时针旋转，在两次强化间隔转两至三圈。第二只则不断地把头撞向笼子上方的一个角。第三只则出现了"摇摆"反应，就好像在把自己的头放在一根看不见的杆下面并反复抬起它。

所以，我们所认为的人类特有的"怪癖"的迷信行为，也可能只是强化作用的另一个例子。

我猜你家里没有可以用来做实验的宠物鸽子。让我们以人类为被试来看看能否"塑造"他们的行为，让他们做我们想做的事。

▶ 让我们试一试

以下是你需要的：

- 一些被试
- 音乐键盘

没错，就这么简单，你甚至不用会弹钢琴。

怎么做

第一步：当你的被试进入你决定将要进行研究的任何房间时，想好你想让他们做什么。举个例子，你想让你的被试进入房间，走到一张桌子前面，打开一个抽屉，拿出一支铅笔和一张纸（这是你以前放好的），然后用铅笔在纸上写下他们的名字。如果你在家里这样做，你也可以让你的被试走进厨房，打开橱柜，拿出一个杯子，然后打开冰箱，拿出牛奶，把牛奶倒进杯子里。明白我的意思了吗？你自己设定场景即可。

第二步：告诉你的被试，一开始你要在键盘上敲击低音音符，直到他们做出一系列你想让他们做的动作为止，并且向他们保证你不会要求他们做任何令其尴尬的事情。

第三步：告诉他们开始做一些事情（斯金纳会把这些随机行为称为"操作性条件"），当他们倾向于做你想让他们做的事情时，你就需要在键盘上敲击更高的音符。当他们做了所有你想做的事情后，你就需要把键盘上最高的音符敲出来，然后大喊"太好了"。

第四步：说"开始"。

第五步：从一个低音符开始，要么按住它，要么反复敲击它。

第六步：当你的被试开始做你想要的第一件事（例如，站在桌子旁边或走进厨房）的时候，每次他们做的事情离你想要的稍微接近了一点，你就慢慢地升调。

第七步：如果他们朝冰箱走去，然后准备离开，你可能要从高音符回到低音符。他们会明白的。不要说任何话，也不要给他们暗示，例如，微笑或指指点点。

▪结 果▪

这可能需要一段时间，但你会惊讶地发现你能如此迅速地让被试做你想做的事情。你不需要说话，只需要声音就能塑造一个人的行为。在钢琴上敲一个键就可以了。另一些人只是用拍手作为激励。

为什么这个实验这么重要

有些人不喜欢斯金纳的研究，因为他们认为斯金纳倾向于认为人们并不会思考，认为人类只是机器人。但斯金纳从来没有这样说过。他只是试图让我们意识到，外部因素对我们的行为有影响，我们不需要为了让我们的社会变得更好而通过创造复杂的理论来解释行为。他的理论是最实用的心理学理论之一。"塑造行为"的方法如今被用于家庭教育和训练动物、帮助孩子们在学校学习、让自闭症儿童提升社交能力，以及帮助人们克服恐惧症等。

实验 37：创造力是如何发挥作用的

➡ **"你比你想象的更有创造力！"**

心理学概念：创造力

实验名称：绿鸡蛋火腿的假设；约束如何激发创造力

原创研究者：卡特里内尔·豪特－特隆普（Catrinel hauight-tromp）

大多数人都听说过或读过著名的儿童读物《绿鸡蛋和火腿》（*Green Eggs and Ham*）。你可能不知道的是，作者西奥多·盖泽尔（Theodor Geisel）也被称为"苏斯博士"。他的出版商向他提出了用同样的 50 个单词或更少的单词写一本儿童读物的挑战，而他应邀写了这本书。这是一本非常成功的、有趣的、有创意的童书。

我们通常认为，只有当作家、作曲家或艺术家有足够的时间让他们的思想自由驰骋时，创造力才会突然喷涌而出。而事实似乎并非如此。许多著名的音乐作品是在作曲家被告知歌曲或交响乐必须在很短的时间内完成时创作出来的。这对需要完成任务的人来说是一种约束。你是否曾经因为没有"正确"的工具而无法完成某件事而感到沮丧，然后你惊奇地发现自己想出了一个真正有创意的解决方案？

心理学家发现，正如西奥多·盖泽尔（Theodor Geisel）所发现的那样，在我们最富创造力的时候，不是让我们的思想自由驰骋的时候，而是我们受到最多约束的时候。我们来测试一下。

原版实验

研究人员豪特 - 特隆普进行了一项有趣的研究，我想你会喜欢。她要求被试在贺卡里写一条信息，它必须由两行字组成而且必须押韵。主题是：

• 生日快乐	• 新年快乐
• 谢谢	• 祝贺你
• 祝你好运	• 感觉好点了
• 对不起	• 我爱你

她为一些被试设计了更难的任务：他们必须首先写下脑海中出现的任何具体名词［如"太阳"（sun）、"椅子"（chair）、"书"（book）等］。然后他们不得不押韵地使用这些名词。你能想象用"椅子"（Chair）这个词创造一个两行押韵的句子吗？她的其他被试没有受到这种额外的限制。他们可以用任何想到的词来创作这首诗。

猜猜谁想出了更有创意的内容？和苏斯博士一样，接受挑战的是那些必须在押韵诗中使用这些具体名词的人。下面是一个押韵的例子，在这个押韵的句子中，人们必须把"羽毛"这个词加到卡片上的问候语中：

> 不管你遇到什么样的磨难，只要记住，糟糕的日子就像羽毛一样来去匆匆。

以上这一句还不错，肯定是比接下来这条好，这条信息是由一个没有任何约束的人写的：

祝大家生日快乐，希望大家玩得开心。

让我们试一试

你可以直接复制这项研究。你甚至不需要任何设备（除了纸、笔或铅笔以外）。这项实验对每个人来说都很有趣。

你将需要：

- 2 组被试
- 2 位朋友互读互鉴问候语
- 纸
- 书写工具

怎么做

A 组：无约束组

第一步：你的被试可以单独或分组创作他们的押韵语句。如果他们可以独处会更好，因为他们不能互相交谈，也不能盗用别人的主意。如果你以小组的形式做这件事，只要让他们不要大声谈论他们的想法即可。

第二步：使用本章前面列出的 8 个贺卡主题。把它们写在一张纸上，给每个人一张白纸和一支铅笔或钢笔。

第三步：让这组被试在一个贺卡上写两行押韵的祝福语。每组成员应该为 8 个主题中的每一个主题都写一条信息（如果你愿意，当然也可以使用更少的主题）。

第四步：豪特－特隆普给她的被试尽可能多的时间来完成这项任务，但当你的被试完成任务时，他们应该让你知道。在每张纸的右上角写一个"U"，你就知道这个人在"不受限制"这一组。

第五步：感谢他们的参与，说明研究的内容，并请他们在你完成研究之前不要将与研究有关信息告诉任何人。

B 组：受约束组

第一步：你的被试可以单独或分组创作他们的押韵语句。如果他们可以独处可能会更好，因为由此一来他们就不会互相交谈，也无法盗用别人的主意。如果你以小组的形式做这件事，只要让他们不要大声谈论他们的想法即可。

第二步：给每个人一张白纸、一支笔。在开始之前，给出与豪特-特隆普实验的同样的指示：他们要写下头 4 个在他们的脑海中出现的具体名词。他们可能会想到他们在房间里看到的东西，例如，椅子、窗户、灯和杯子。

第三步：使用本章前面列出的相同的 8 个主题。

第四步：告诉被试，他们必须在押韵的语句中加入 4 个名词中的任何一个。

第五步：给被试充分的时间，但是当他们完成押韵语句时，他们应该让你知道。当他们完成时，在每一页的顶部写一个字母 C（代表"受限"）。向他们表示感谢以及说明情况。

▪ 结 果 ▪

那么，你如何判断他们的创造性呢？你可以做豪特-特隆普和其他研究人员所做的事情。在一张纸上打印出押韵的句子（此处手写也不成问题），然后交给愿意在下方 10 分制评分表上打分的 2 个人：

一点创意都没有 1 2 3 4 5 6 7 8 9 10 非常有创意

创造力评分者通常是各自分开完成任务的，然后他们对每首歌的评分将被综合考量。看看你是否得出了与豪特－特隆普一样的结果：当人们不得不使用一些具体词汇时，他们所写的句子更加独特和富有想象力。

为什么这个实验这么重要

我们倾向于将"有创造力的人"定义为与我们大多数人不同的人，也许他们的头发是凌乱的。我们认为他们的行为很神秘。而事实上，情况并非总是如此。不要认为你不是一个有创造力的人，即便你不会画画也不会唱歌。创造力有很多种形式，它会在很多不同的情况下被激发出来，特别是当人们必须遵守一定的规则或时间限制的时候。当计算机程序设计人员不得不处理棘手的编程问题时，他们想出了一些非常有创意的解决方案。

实验38：迷信到底是怎么一回事

➡ "敲敲木头！让我一杆进洞！"

心理学概念：迷信 / 批判性思维

实验名称：手指交叉祝好运！迷信如何改善表现

原创研究者：莱桑·达米斯奇（Lysann Damisch）、芭芭拉·斯德博洛克（Barbara Stoberock）和托马斯·穆斯魏勒（Thomas Mussweiler）

你会迷信吗？我养了一只黑猫，所以你可以把我排除在外——尽管我承认我确实不止一次地"敲打木头"。但我们中的许多人会随身携带一些我们认为能带来幸运的东西，也许是将它挂在钥匙链上或者放在车里，希望它可以让我们避免车祸。许多专业运动员在比赛前或比赛中都会做出迷信的或有仪式感的行为。毫不奇怪的是，当我们对自己表现的可控性越低（例如体育比赛）的时候就越有可能需要某种"幸运物"的加持。

许多科学家会说，这里存在着一种"确认偏差"（confirmation bias）。也就是说，当某件事进展顺利（例如，你打出一个本垒打或赢了一场足球比赛）的时候，若你随身携带着幸运物，你的成功也就失去了魅力。但当你拥有幸运物时，即使事情并不顺利，你也不会责怪你的幸运物。但是达米斯

奇、斯德博洛克和穆斯魏勒想知道当你认为自己运气好的时候，你的大脑里
到底在想什么。让我们试一试，看看能学到什么。

原版实验

　　达米斯奇等人做了一系列关于迷信的研究，其中一项研究要求人们
带一些他们拥有的幸运物到实验室（如"幸运兔脚"或幸运奖章）。他们
让被试完成字谜任务或记忆任务。但他们在执行任务期间拿走了一些被
试的幸运物（就告诉他们想在另一个房间里给幸运物拍照）。结果这些被
试在记忆游戏中表现得更差了。

　　为什么他们表现得差强人意？是不是因为幸运物被拿走而让他们变
得运气不好？达米斯奇等人对此有不同的解释。就在被试尝试完成这项
任务之前，达米斯奇问他们认为自己能做得多好。事实证明，当你没有
幸运物的时候，你会认为自己不会做得很好，而结果也正如你所预期的
一样。你对任务的自我效能感（你对自己完成任务的能力的感觉）降低
了，结果你确实做得不好。你可以把这称为"自我实现的预言"。

　　让我们复制他们研究中更有趣的部分，这涉及打高尔夫球。

▶ 让我们试一试

　　你曾经把高尔夫球从约两米远的地方扔进洞里吗？这其实比你想
象中的要难（除非你经常打高尔夫球）。你在用达米斯奇的方法来检
验迷信的观点时将需要：

- 果岭，如果你附近有高尔夫球场那就太好了，但如果没有的话，那就买一个便宜的高尔夫推杆垫，并且垫子的末端最好是斜面的，这样你就可以把球打到洞里

- 高尔夫球和推杆

- 两组被试——每组至少 10 人，或者总共 20 人就足够了（一项精心设计的心理学研究每组至少需要有 30 名被试，但为你的研究召集 60 名被试可能有点挑战性）

你可以把这个问题写在纸上，也可以大声说出来：你觉得你能做得多好？

一点也不好　**1　2　3　4　5　6　7　8　9　10**　很好

怎么做

A 组

第一步： 告诉你的被试你正在做一个心理学研究。其中包括了需要他们做一个高尔夫推杆的任务。他们会奇怪地看着你。你需要告诉他们你稍后会做出解释。如果他们告诉你他们从未打过高尔夫球，告诉他们这没关系。

第二步： 让选手站在高尔夫球垫前（或离球洞约 2 米远的位置），把推杆递给他们，但要稍等一会儿再把球给他们。

第三步： 告诉他们有 10 次机会把球打进洞里。

第四步： 在你把高尔夫球递给他们之前，这样说："这个球是每个人到目前为止都在用的。"然后把球递给他们。

第五步： 就在他们开始第一次推杆之前，问他们能不能做好，或者让他们在一张你提前写好的纸上圈出某个分数（从 1 分到 10 分）。确保你在他们的名字旁边写下这个人属于 A 组（不迷信组），这样你就知道这个人属于哪个组了。

第六步： 让他们进行 10 次推杆。如果他们马上把它放进洞里，这可能意味着在未来的实验中，你可能需要让你的被试往后退一点。但是

在任何情况下，你都要记录好每个名字需要多少次才能把球推进洞里。如果一个被试没有成功，就在他的名字旁边写上 10。如果一个被试在第十次之前把球打进洞里，你就需要标注他尝试了几次才把球推进了洞里，如果他们愿意，让他们把剩下的次数用完。

B 组

除了第四步外，遵循与 A 组相同的所有步骤。你要做的第四步如下所示。

第四步： 在你把高尔夫球递给他们之前，这样说："这是你的球。到目前为止，这是一个幸运球。"然后，在你把球递给他们之前，先吹一下，只是为了增强这种"迷信激活"的效果。

▪ 结 果 ▪

把"自信"的得分平均一下，我敢打赌你会发现，你的"迷信激活"被试在投篮前比你的对照组成员更有信心，他们会比其他人更早把球打进洞里。达米斯奇会说，当你激活他们的迷信时，你提高了他们的自我效能感，这才是真正让他们比另外一组做得更好的原因。

为什么这个实验这么重要

这项研究应该能激活你的批判性思维。运气是一个模糊的概念，当我们面对我们无法控制的事情时，我们就会屈服于它。这项研究表明，当运气"起作用"时，实际上成功更多地与我们自己对成功的信心有关。但我可能还是会偶尔敲木头。

实验 39：歧视开始的地方

➡ "那些人都一样！"

心理学概念： 偏见与歧视

实验名称： 实验产生的群体间态度的正负实验研究：罗伯斯山洞实验

原创研究者： 穆扎费·谢里夫（Muzafer Sherif）

复制/扩展名称： 群体歧视实验

复制研究者： 亨利·泰弗尔（Henri Tajfel）

你可能没有想过很多认同感方面的问题，但除了你作为一个人的感觉（你的个性）之外，你可能还具有心理学家所说的社会认同，这些是你所属的群体的特征。例如，你可能是某个运动队的超级粉丝。你可能对你就读的学校（或上过的学校）、你所属的俱乐部或你真正喜欢的音乐团体有强烈的认同感。

好吧，你会说，但这很重要吗？信不信由你，这些社会身份是歧视和偏见的"摇篮"。自我感觉良好的部分原因是我们渴望对自己所属的群体有一种良好的感觉。当你的运动队赢了一场比赛时，你会感觉很好。当他们输的时候，你会感到难过。如果你发现你所上的学校中的某人进了监狱或做了其他错事，你会感到很难过——即使你与那个人不是很熟。如果你所属的群体受到了破坏，你会感觉很糟糕。

因为我们喜欢从积极的角度看待自己的群体，所以我们倾向于以一种非常独特的，并且往往是消极的方式看待其他群体，就像我们口中的"那些人"一样。我们会因自己的小组成员的古怪和有趣而感到欢乐，而我们会对其他小组成员形成刻板印象：他们都是一样的，我们不喜欢他们。

穆扎费·谢里夫针对这个话题进行了心理学中最著名的研究之一。我们可以做亨利·泰弗尔提出的一个后续研究，然后我们自己进行复制，我想你会发现这是一个非常有趣的实验。

原版实验

谢里夫进行了一项被称为"罗伯斯山洞"的研究，因为它发生在俄克拉荷马州的一个同名州立公园里。1954 年，作为现场实验的一部分，他带着一群 12 岁的男孩来到公园，目的是研究群体间的冲突。他把这些男孩分成两组，让他们为自己的小组起名字（他们确实起了名字——"老鹰"和"响尾蛇"）。他发现，他不需要做太多，只需要设计一些具有竞争性的活动，就可以快速地在团队之间制造冲突。他们开始互相辱骂、互相偷窃，并开始打架，由此他们开始产生了一种非群体的感觉。

现在你可能认为你不可能复制这样的现场实验。你不必这么做。正如心理学家亨利·泰佛尔所发现的，你根本不需要做太多事情就能在群体之间制造冲突。我们将采用泰弗尔的独特且有趣的方法。

▶ 让我们试一试

泰弗尔使用"最小组"分配流程创建了几个组。他让被试猜一页纸上的点的数量，然后玩一个游戏，看看他们是否会互相竞争。

你需要的是：

- 两组被试，每组约 10 人，第一组应在同一时间到达选定的地点（你的"实验室"），另一组的 10 人需要在不同的时间（至少相隔 2 小时或在不同的日子）到达
- 黑色记号笔
- 大房间（教室大小最好，或者你可以用车库）
- 大活页本
- 硬币
- 一款风格类似于集中记忆力游戏，让你可以在小组面前展示

如果你能将你的游戏从电脑投射到教室前面或投影屏幕上，那么在大房间里的每个人都能在进行游戏时观看，这将是非常理想的。很多不同的电子游戏都可以玩，但你不需要选择包含群组间必须相互竞争的一款游戏。你应该能够在网上或智能手机或平板电脑上找到一款能集中注意力的免费游戏。

怎么做

A 组

第一步：这将是你的"估量"组。在他们到达之前，列一个清单，从 1 到你期望的总人数的数字，然后在数字旁边写下每个人的名字。如果人数是偶数就最好了，但如果人数不是偶数也没关系。在偶数的旁边写一个 O，在奇数的旁边写一个 U，你马上就会明白为什么。

第二步：在每个人到来之前，你要做的另一件事是在你的笔记本上为每个人留出一个单独的页面。在每一页上画不同数量的一大堆点。你要让人们猜在他们各自的页面上有多少点，所以要画足够多的点，让他们数不清，但也不要多到让他们无法看清。在背面的右上角写一个数字——任何你想要的数字。我们假设这个数就是这一页上的点的实际数

目；然而，不管这个数字是什么，以及你知不知道这一页纸上点的确切数目也没有关系。你马上就会明白为什么。

第三步：一旦你准备好了步骤 1 和步骤 2 所需的材料，就让每个人都进入房间。告诉他你正在做一个关于记忆的研究，他们将会玩一个记忆游戏，但是在玩这个游戏之前，你要根据他们猜一张纸上的点的数量把他们分成几组。

第四步：给每个人看一个包含不同数量圆点的不同页面。告诉他们，一个低于实际点数的猜测意味着他们是"低估者"，他们应该站在右侧；如果他们的猜测高于实际数字就是"高估者"，他们应该站在左侧。你可能不知道点的实际数目，也没有必要去数它们。如果他们问点的总数是多少，告诉他们你会在研究结束后告诉他们。这其实没有关系，但如果他们想要在那个时候把点的数量数出来，我猜也没关系。

第五步：给每个人看一页带点的纸，让他们猜猜他们看到了多少个点。在他们给你一个数字后，看一下纸的背面，你需要假装在看点的实际数目。然后告诉每个人其是低估者还是高估者。基于你在他们走进房间之前创建的（将列表小心谨慎地放在靠近你的地方，这样你就可以在你指定某人之前看一眼）在他们的名字旁边标注的 O（overestimator）或 U（underestimator）的列表，将他们分到其中一组。你实际上是在基于最荒谬的理由创建群组。

第六步：一旦你让半数的人在房间的一边，另一半人在另一边，让其中一组人玩你选择的集中注意力的游戏。在他们通关之后，让另一组玩。不要告诉他们这是一场比赛。

第七步：你喜欢玩多少回合就玩多少回合。仔细观察他们的行为，尤其是每组成员对另一组成员的评价。

第八步：游戏结束后，告诉你的被试你的真正目的。

B 组

第一步：这是你的对照组。你不会把这些被试分成小组。把集中注意力的游戏投放在房间前面的屏幕上，这样每个人都能看到屏幕上发生了什么。

第二步：邀请所有人进入房间。告诉他们你正在做一个关于记忆的研究，你想让他们玩你的注意力游戏。进行几次游戏后，注意一下小组成员之间发生了什么。实际上，不太可能会发生什么有趣的事情。他们都会玩你设计的游戏，而且最多半个小时就结束了。

▪ 结 果 ▪

所以，你到底在考虑什么？在 B 组，你没有留任何小组作业，所以每个人都应该一起工作、互相支持和互相鼓励，你不应该注意到任何指名道姓或嘲笑的迹象。然而，在你的"估计者"小组中，你会惊讶地发现，每个小组不仅为自己的小组成员欢呼，而且"低估者"还会取笑"高估者"的表现，反之亦然。所有这些都是基于一个群体中最愚蠢的理由：他们对点的数量的估计是少于还是多于这个群体。

为什么这个实验这么重要

当人与人之间存在着非常明显的差异时，或者当资源匮乏时，偏见和歧视就形成了，这是可以理解的（这就是所谓的"现实冲突理论"）。正如电影《西区故事》（*West Side Story*）所明确指出的那样，不同国籍的人和居住在城镇不同地区的人可能会发生冲突。但这种复制实验表明，让群体间瞬间开始互相取笑是多么的容易。打破偏见和歧视的一种方法就是让两个相互冲突的团体为了同一个目标而共同努力。当团队成员意识到"我们都在一条船上"时，团队之间的隔阂就会消失。

实验40：你真的没有考虑那么多

➡ **"你被陷害了！"**

心理学概念： 做决策

实验名称： 理性选择和决策框架

原创研究者： 阿莫斯·特沃斯基（Amos Tversky）和丹尼尔·卡尼曼（Daniel Kahneman）

广告主、政客和各行各业的销售人员每天都在试图说服你。他们想让你以他们希望的方式去思考，这样你才会购买他们的产品或在下一次的选举中为他们投票。例如，想象一下，你在一个超市，你正在决定买哪一包牛排。你会买那个贴有"25%脂肪"标签的（嗯！这听起来并不太好）还是贴着"75%瘦肉"标签的牛排（这似乎听起来更健康）？

信息呈现给你的方式也就是心理学家所说的"框架"。当有人告诉你这件事的时候，情况是怎样的？例如，我们正在经历"全球变暖"吗？在一月份天气特别冷的某一天，你可能会不以为然。人们倾向于依靠他们的直接体验做出判断。那么"气候变化"这个概念呢？这样去框架上述事宜，你就不太可能去思考当下你体验到的是热的或者冷的感觉了。

所以广告商善于使用框架，政客也是如此。让我们看看框架是如何产生生死攸关的后果的。

两位著名的心理学家，丹尼尔·卡尼曼和阿莫斯·特沃斯基给了我们很多关于我们如何思考的见解。他们让我们意识到我们并不像我们想象的那样理性。

他们向被试提出了一个假设性问题，如下所示。

想象一下，美国正在为与一种突然流行的罕见疾病对抗做准备，这种疾病预计将导致 600 人死亡。研究人员已经提出了 2 种替代方案来对抗这种疾病，你认为大多数人选择了哪个方案？

1. 如果方案 A 被采用，将会拯救 200 人。

2. 如果采用方案 B，有 1/2 的概率将拯救 600 人，2/3 的概率将没有人被拯救。

大多数人都选择了 A 计划，因为它听起来更好（看似拯救了更多的人），而且听起来没那么复杂。当然，这 2 个方案拯救的人数是相同的。

很多时候，我们只是没有认真考虑复杂的决定。我们往往会跟着直觉走，我们的注意力被吸引到什么地方我们就会受到什么影响。

▶ 让我们试一试

你可以用最初进行实验的方法复制这项研究。你可以告诉你的被试，你正在做一个关于决策的研究，这可能会比你只告诉他们"对别人的想法感兴趣"让他们更关注这个问题。你只需要确保在你的被试做出决定后向他们说明情况，告诉他们我们大多数人都是"风险厌恶者"，我们会采用似乎拯救了最多人生命的最直接的方案。

你将需要：

- 一组被试
- 印有问题和选项的纸
- 书写工具

怎么做

第一步：给每个人一张纸，上面印着以下内容，让他们圈出他们喜欢的项目：

想象一下，美国正在为与一种罕见疾病对抗而做准备，这种疾病预计将导致 600 人死亡。研究人员已经提出了 2 种方案对抗这种疾病。你认为大多数人选择了哪个方案：如果方案 A 被采用，将会拯救 200 人，如果采用方案 B，有 1/2 的概率将拯救 600 人，2/3 的概率将没有人被拯救。

第二步：告诉你的被试圈出他们喜欢的选项。

第三步：告诉你的被试这项研究是测试什么的。

第四步：如果你特别有野心，你可以在另一组被试中尝试提出同样的问题，但要给他们以下选择：

如果方案 A 被采纳，将有 400 人死亡；

如果采用方案 B，有 1/3 的机会死亡率为 0，2/3 的概率 600 人将全部死亡。

第五步：告诉你的被试圈出他们的答案。

▪ 结 果 ▪

没人想要其他人死去，即使实际上 2 个方案中最终的死亡人数相同，你可能也会发现大多数人（卡尼曼和特沃斯基发现的概率是约为 78%）更喜欢的选择是——很多人（200）将被拯救或很多人不会死（400）。

为什么这个实验这么重要

希望你永远不会像这项研究中的情况那样必须做出生死抉择，但这种框架效应总是被用在你身上。你是否曾在电视上听到有人试图让你花钱，声称产品的成本"一天只有几便士"？这是一种框架效应。抑或是"一天只有一杯咖啡的钱"呢？这又是一个框架。这种手段一直都在被使用，不管是让你购买产品还是给慈善机构捐款。认清一个决定的好坏的唯一途径就是仔细思考，而这正是广告商不希望你去做的。

实验 41：道德思维的发展

➡ **"那是不对的！"**

心理学概念： 道德

实验名称： 思维模式的发展以及未来 10 ~ 16 年的选择

原创研究者： 劳伦斯·科尔伯格（Lawrence Kohlberg）

复制／扩展名称： 不同的声音：妇女对自我和道德的观念

复制研究者： 卡罗尔·吉利根（Carol Gilligan）

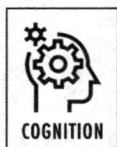

当遇到真正难以做出抉择的情况时，我们如何知道该做什么？事实证明，我们认为一个决定是对的还是错的取决于我们的年龄，取决于我们是否考虑到其他人在我们所面临的情况下会怎么做，或者我们是否会进一步发展我们自己关于对与错的一套内在标准。让我们来看看心理学家是怎样研究我们如何判断对错的。

原版实验

科尔伯格的工作不是做经典意义上的"实验"（有 A 组和 B 组的实验），而是一系列精心控制的、研究处于不同年龄段的儿童的实验。科尔伯格向儿童、青少年和成年人讲述了一个有关道德困境的故事，在这个道德困境中，一个人面临着需要艰难地做出决定的情况。科尔伯格对孩子们建议的决定并不感兴趣；他对每个人为这个决定给出的理由很感兴趣。

最著名的故事是"海因茨"所面临的困境：

> 一位妇女死于一种特殊的癌症。医生们认为有一种药可以救她，这种药是同一城镇的一位药剂师近期发现的。这种药的制造成本很高，但药剂师收取的药费是他的生产成本的 10 倍。他花费了 200 美元购买这种药，但以 2 000 美元的价格售卖小剂量药物。这个生病女人的丈夫海因茨去找他认识的每一个人借钱，但是他只能凑到 1 000 美元。他告诉药剂师自己的妻子快要死了，并要求药剂师把药便宜一点卖给自己，或者以后再付给药剂师另一部分钱。但是药剂师说："不，我发现了这种药，我要用它赚很多钱。"于是，海因茨不顾一切地闯进那个男人的实验室，为他的妻子偷了药。

海因茨应不应该闯进实验室为他妻子偷药？为什么应该或为什么不应该呢？

可以想象，年长的人给出的答案比年轻人要复杂。科尔伯格将答案分为三个层次，每个层次都包含两个阶段。我们将着重讨论三个主要层次。因为大多数人在解释他们的行为时都在参照别人的行为，所以他决定用"习俗"这个词来形容这个层次。他把相比之下落后的思想称为"前习俗"，把更先进的思想称为"后习俗"。

1. **我会有麻烦吗（前习俗水平）**：当涉及偷窃时，孩子们最担心的是什么？那就是惹上麻烦。这就是属于这一类人的推理重点：海因茨是否应该偷药不是关注的重点，他们更担心权力机关会做出怎样的反应。所以他们可能会说："是的，海因茨应该偷药，否则他的妻子会死，他会被逮捕。"或者他们可能会说："海因茨不应该偷药，因为他会被逮捕。"10

岁以下的孩子通常会给出这样的答案。

2. 其他人会怎么做（习俗水平）：青少年通常会关注别人对他们的看法，这并不奇怪。所以不管他们是肯定还是否定偷药的问题，原因都和其他人对他们所做决定的看法有关，或者他们知道社会对这类问题的期望。他们的"世界"比孩子的世界更广阔。

3. 正确的做法是什么（后习俗水平）：典型的成年人会在这个水平上思考，尽管科尔伯格发现不是所有的成年人都能达到这个阶段。达到这一水平的人不会受限于他人的想法或是社会规则。每个人都能够给出一个其认为正确的、复杂的答案。

▶ 让我们试一试

以下是你做这个实验时所需要的：

- 10 岁以下的被试
- 青少年被试
- 成年被试
- 印有"海因茨"故事的报纸（或者你选择的另一种道德困境）
- 书写工具

怎么做

第一步：每次只和一名被试对话。让你的被试读故事（至于年龄较小的被试，你可能需要帮他读出来）。

第二步：让你的被试写下他对道德困境的回答（对于年幼的孩子，你可以记录下他们告诉你的话）。

第三步：如果你想更新这项研究，你可以使用当今社会面临的一个棘手的道德问题。例如，几年前，美国中央情报局被发现其试图使用酷刑从囚犯那里获得有关恐怖组织的信息。你可以问问青少年和成年人美国中央情报局使用的方法（例如"水刑"）是否正当？

▪结　果▪

你可能会发现，不管人们认为海因茨应不应该偷药，10岁以下的孩子的决定确实会取决于他们生活中的权威人物会怎么想或者权威人物会对他们采取什么样的措施。此外，青少年会参考其他人会怎么做或怎么想（或参考社会对这种行为的规则）。许多成年人会给出与青少年相似的答案。而有些人会告诉你关于"什么时候偷窃是对的和错的"个人哲学。如果他们这么做了，你就会知道你正在与处于科尔伯格所划分的"高层级"的人打交道。

关于酷刑的决定：这样做可以，因为其他一些国家也这样做（习俗）？这样做不可以，是因为大多数其他国家不这么做（还是习俗）吗？这样做可以，是因为不管别人怎么想，我们都需要这些信息来拯救生命（后习俗）？或者酷刑从来就没有正当理由（也是后习俗）？

心理学家卡罗尔·吉利根注意到科尔伯格在他的所有研究中都以男性为研究对象。吉利根研究道德思维，她的样本中包括了女性。她发现，除了科尔伯格发现的那些原因以外，女性也经常考虑海因茨的决定会对他生活中的其他人产生什么影响。他对其他人负有哪些责任？同样，在酷刑困境中，你可以考虑的另一个因素是我们之于囚犯的责任是什么，我们要对他们的疼痛与痛苦负责吗？我们在决定如何采取行动时需要考虑到这一点。

你会在电影中看到道德策略之间的冲突。找一些很难做出决定的例子，你会发现男性角色可能会使用习俗的推理方式，这让他们与女性角色发生冲突（这是所有戏剧的源头），而女性角色会强调潜在的痛苦和对他人造成的伤害。

为什么这个实验这么重要

　　在某个时候，你会被要求做出一个艰难的决定。也许当你被要求担任陪审员的时候可能会出现这样的情况。我们可能会难以判断某些行为的对错，因为不同的人所看到的真相和愿意相信的事实是不一样的，而且我们都知道，律师将强调他们希望你考虑的最重要的事情。在某个节点，你应确保自己不会做出仓促的决定。你需要根据社会的法则（习俗层面）找出这个人做得对还是错，但也要从"普遍"层面（后习俗层面）考虑这个人做得对还是错。最后，考虑一下你的决定会对他人的生活产生什么影响，以及我们对那些受到这个决定影响的人负有哪些责任。

实验42：孩子们在成长过程中的思维方式有何不同

➡ *"这个更多！不，那个更多！"*

心理学概念： 认知发展，能量守恒

实验名称： 儿童智力的起源

原创研究者： 让·皮亚杰（Jean Piaget）

复制/扩展名称： 语境在儿童认知中的作用

复制研究者： 苏珊·A. 罗斯（Susan A. Rose）和马里恩·布兰克（Marion Blank）

让·皮亚杰在我们理解孩子们的思维是如何随着他们的成长而改变这一领域有非常大的影响力。他设定了4个认知发展阶段，如下所示。

1. **感觉运动阶段（0—2岁）：** 如果你曾经照看过或者观察过这个年龄段的孩子，你就会知道他们的世界是由他们能触摸到什么和放进他们的嘴里的东西来定义的。在这段时间里，孩子们会学习到他们看不见的物体实际上是客观存在的（客体永久性）。

2. **前运算阶段（大约3—6岁）：** 这个阶段的孩子没有发展逻辑思维的能力。在人生的这个阶段的孩子会有很多"神奇的想法"冒出来，而且会做很多的假设，在他们看来，几乎任何事情都是可能发生的。我们将在研究中看

到这样的一个例子，你可以创建一个新实验。

3. 具体运算阶段（大约 7—11 岁）：此时，青少年可以理解基本的逻辑问题。虽然抽象思维还未形成，但年轻人可以处理一些相当复杂的具体数学问题。

4. 形式运算阶段（大约 12—15 岁）：在这个年龄段的孩子可以进行更复杂的思考，例如，用符号而不仅仅是数字来解决数学问题。

让我们来看看一个有争议的概念。皮亚杰不认为处于第二阶段的孩子有逻辑思维的能力，而罗斯和布兰克却认为他们有，皮亚杰的实验并不完全正确。让我们看看谁是对的。

原版实验

皮亚杰给不同年龄的孩子们布置了许多任务，其中包括他所说的"保护"任务。在最著名的任务中，他给孩子们看了 2 个同样大小的杯子，并且都盛有半杯水。孩子们意识到 2 个杯子里有相同量的水。然后他把一个杯子里的水倒进一个更高口径更小的杯子里，水位似乎变高了，尽管孩子们看到水被倒进了杯子里，他们说这个更高的杯子比那个更矮的杯子含有更多的水。皮亚杰创造了很多这样的小任务来观察孩子们对周围世界的认知。你可以很容易地重新创建这些小研究。

▶ 让我们试一试

你需要的是：

- 10 个（4-5 岁）孩子（从当地的托儿所，也许你需要得到他们父母的允许）
- 小桌子
- 10 个硬币
- 2 个同样大小的杯子
- 1 个又长又细的玻璃杯
- 大水罐

怎么做

A 组

第一步：把可以参加你的实验的孩子的数量减半。让这群孩子坐在你面前的桌子旁。把两排硬币放在他们面前，每一排都应该有 5 枚硬币，第二排硬币应该正好排在第一排下面。

第二步：问孩子们这 2 排硬币的数量是否相同。他们可能会数硬币，可能会说它们的数量是一样的。

第三步：接下来，把硬币摆放在靠上面的位置，这样就可以与摆在下方的硬币隔开一点距离。同样，再问问这 2 行是否包含了相同数量的硬币。

第四步：拿出 2 个杯子来做第二个任务。让孩子们像以前一样坐在你面前的桌子旁。往每个杯子里都倒同样多的水。

第五步：问孩子这 2 杯水的量是否相同。你可能会得到肯定的回答。

第六步：然后把一杯水倒进又长又细的杯子里。再问一遍同样的问题。

第七步：记录孩子们的答案。

B 组

第一步：对于小组的另一半成员，你要做几乎相同的事情，但是这次你不会问 2 个问题。在孩子们进房间之前，在桌子上准备好 2 排硬币，其中一排比另一排要多一个，水已经倒进了不同高度的杯子里。

第二步：针对每种情况问孩子问题：（1）两排硬币的数量是一样的，还是有一排更多；（2）这两个杯子里的水是一样多，还是其中一个更多？

第三步：记录孩子们的答案。

▪ 结 果 ▪

A 组的孩子可能会给你和皮亚杰一样的答案：在第二个问题之后，他们会认为硬币排得越宽，硬币就越多，杯子越高，水就越多。孩子们把注意力集中在硬币和玻璃杯最明显的特征上，还无法理解更复杂的现实，例如体积和大小，以及这些属性为何不会因为物体的外观发生了变化而改变。

B 组的很多孩子（也许不是所有）都能答对问题：两个杯子里装的水一样多，两排硬币一样多。

罗斯和布兰克向我们展示的是皮亚杰没有意识到在他的研究中有社会因素和认知因素在起作用，儿童想要取悦成人。当你问一个孩子同样的问题两次（就像你问 A 组的孩子一样）时，他们很有可能会认为，既然你问了同样的问题两次，他们的第一个答案肯定是错的，因此他们应该改变答案。

为什么这个实验这么重要

如果我们要帮助孩子学习，我们需要知道他们在人生的每个阶段都能做些什么。皮亚杰关于孩子在不同阶段能做什么的指导方针非常有用。罗斯和布兰克告诉我们的是，我们需要考虑上下文语境，也就是当我们试图确定孩子们能做什么和不能做什么的时候，我们应该如何提问，以及以什么样的顺序提问。这就是科学的伟大之处：尽管皮亚杰很自信，但我们不能说他证明了什么。他的发现支持了他关于孩子如何随着成长而变化的理论，罗斯和布兰克的研究则增添了一些重要的微妙之处。当我们将这些研究结合起来思考时，我们会更好地了解孩子，这将使我们能帮助他们在不同的成长时期更有效地学习。

实验43：先要求别人帮自己做不可能做到的事来说服别人

➡ "见鬼，没门！"

心理学概念：以退为进，说服

实验名称：互惠式让步：以退为进技巧

原创研究者：罗伯特·B. 西奥迪尼（Robert B. Cialdini）、乔伊斯·E. 文森特（Joyce E. Vincent）、斯蒂芬·K. 刘易斯（Stephen K. Lewis）、何塞·卡塔兰（Jose Catalan）、黛安·惠勒（Diane Wheeler）和贝蒂·李·达比（Betty Lee Darby）

复制/扩展名称：这是游戏吗？虚拟世界中社会影响力的证据

复制研究者：保尔·W. 伊斯特威克（Paul W. Eastwick）和文迪·L. 加德纳（Wendi L. Gardner）

你有没有向你的父母要过一点钱，在他们答应了之后，你实际向他们要的钱会比你最初要求的多一点？心理学家称之为"登门槛"技术。也就是说，一旦别人答应满足你的小请求，别人就很可能会为你提供比原先应允的更大的帮助。

然而，还有另一种方法。你可以先向父母要一大笔钱。当他们说："不可能，你一定是在开玩笑！"的时候，你可以要求一个更小的数额（这实际上是你本来希望得到的数额）。第二种方法是所谓的"以退为进"技巧。我们所有人都曾或多或少地使用过这些策略。心理学家罗伯特·B.西奥迪尼在揭示儿童和销售人员使用的许多不同说服策略方面做得最多。让我们看看我们是否能复制他的一项关于以退为进技术的原始研究。

原版实验

西奥迪尼首先决定向他知道绝对不会同意的人（这里指的是大学生）提出一个请求（他称之为"极端请求"）。他是这样说的：

> 我们目前正在招募大学生志愿者担任县少管所的无薪辅导员。这个职位可能需要你付出至少 2 年的时间，每周工作 2 个小时。你会更像一个少管所里的一个男孩（或女孩）的大哥哥（或姐姐）。你有兴趣申请这些职位吗？

如果是你，你愿意这样放弃你人生中的 2 年时间吗？我猜答案是否定的。西奥迪尼的研究人员向 58 名学生提出了这个问题，只有 2 名吃苦耐劳的学生表示愿意这么做（3%）。然后，西奥迪尼提出了一个更适度的要求：

> 我们正在招募陪同一群男孩（女孩）从县少管所去动物园游玩的大学生。这将是自愿的、无偿的，将需要一个下午或晚上的大约 2 个小时的时间。你有兴趣应聘这些职位吗？

他发现，约 33% 的受访者同意这样做。

接下来就是微妙的部分：有时他先向某人提出了一个极端的要求，并且得到了他预料之内的拒绝的答复。然后，他立即提出了适度的要求。当适度的要求以这种方式被提出时，超过半数的人（55%）表示同意。

现在，我们来看看是否可以使用以前的"以退为进"技术。让我们看看伊斯特威克和加德纳是如何在虚拟世界中进行这项研究的。

▶ 让我们试一试

你可以和你认识的人面对面地进行这项研究，但是伊斯特威克和加德纳决定看看这种以退为进的方法在虚拟世界中是否有效。

你需要做的是：访问具有虚拟世界账户的计算机。

怎么做

如果你还没有一个账号，那就在虚拟世界里注册一个账号或者登录你的账号（一些你熟悉的在线虚拟世界）。

A 组：适度请求

伊斯特威克和加德纳试着找出有多少人会同意这个适度的要求："嗨，我在做一个图片寻觅游戏。你能和我一起到都达海滩，让我给你截个图吗？"

"都达海滩"是一个虚拟位置，所以你可以使用这个位置或者从你所在的虚拟世界中选择另一个。

第一步： 进入你的虚拟世界，接近一个独自站在那里的人，或者和其他人在一起，但目前还没有进行交谈的人。

第二步： 一旦有人回话说"嗨"，你就向他们提出关于点击进入虚拟位置的请求，以便截屏。问 20 个虚拟人物，数一数有多少人同意。

第三步： 当他们说"是"的时候，按照你的要求和他们进行互动。他们不会知道你有没有截屏，但你可以这样做，然后把它标记为 A 组的某个人。

第四步：感谢他们的帮助。

B 组："登门槛"技术

我们将使用"登门槛"技术，看看是否能让更多的人与我们一起互动。

第一步：接近那些不忙的人，问问他们能否做一些非常简单的事情。伊斯特威克问这个问题："我能给你截屏吗？"也许每个人都会同意。

第二步：接下来你问一个适度的问题："谢谢。现在，你愿意和我一起移步到_____，让我给你截屏吗？"用你想使用的任何位置填空。

第三步：如果他们说可以，进行互动并记录下每个人所在的组。

C 组：以退为进技巧

现在我们要使用以退为进技巧。

第一步：像之前一样，找一个不忙的人，但首先问一个类似伊斯特威克问的问题。例如，"我需要给位于 50 个不同地点的人截屏，大概需要 2 个小时的时间，你同意这么做吗？"

第二步：我保证没有人会同意。然后问一个更适度的问题。例如，"好的，我明白了。你愿不愿意和我一起移步到_____，让我给你截一张图？"

第三步：如果他们说可以，与他们进行互动并记录发生了什么。

▪ 结　果 ▪

我想你会在网络世界中答应你的适度请求的人数肯定远超过应允条件 B 和 C 的人数。对于"登门槛"策略的解释就是在我们答应了一个请求后，我们倾向于认为自己是有用的人，所以我们会再次同意下一个请求。而"以退为进"技巧的解释就是，一旦我们说"不"，我们就会感到有点不好受，然后另一个人就会提出一些现在看来微不足道的要求，所以我们就接受了。

为什么这个实验这么重要

这些都是强有力的说服策略。你可以在试图说服别人的时候使用它们，或者，既然你现在已经了解了他们，你就会更清楚他们什么时候在对你使用这些策略，并能抵抗住诱惑或避免产生愧疚感，与这种策略抗衡。所有类型的销售人员都会使用这些策略，所以要小心！

实验44：幽默心理学

➡ "那不好笑！"

心理学概念：幽默

实验名称：怪诞心理学

原创研究者：理查德·怀斯曼（Richard Wiseman）

心理学家研究关于人类的各种事情。你可能会认为很多事是无法被科学地研究的。你可能会问，爱的感觉怎么可能在实验室里被研究？你会惊讶的！因为你只需要看看有关吸引力的播客就知道了。但在这个实验中，我们要讨论幽默。为什么有些笑话对你来说很有趣，而有些却平淡无味？

你是否曾经讲过一个你认为很好笑的笑话却根本没有人笑？或者他们给你回了"礼貌的笑声"，但你知道他们真的不觉得好笑？有没有一个能让人人都感到很好笑的笑话？事实证明，确实存在这样的笑话，95%的人在听到这个笑话后都会笑。接下来，你将了解这个笑话是什么，并会了解为什么有些笑话对你来说比其他笑话更有趣。我们甚至可以用笑话做点实验，让我们开始吧！

原版实验

心理学家理查德·怀斯曼早在 2001 年就有了一个好主意：为什么我们不建立一个网站，让人们可以很容易地提交他们认为是他们听过的最有趣的笑话，然后让每个人投票，直到我们选出世界上最有趣的笑话为止呢？这会给我们提供一个巨大的笑话数据库，这也将帮助我们了解为什么有些笑话基本上总是非常奏效，而其他的就不会。在收到 4 万多个笑话后，怀斯曼和他的同事们在 1—5 分制（他们称之为"笑量计"）中给笑话打分，评选出的分数最高的笑话是：

> 几个新泽西猎人在森林里打猎，其中一个猎人跌倒在地。他似乎没有了呼吸，他的眼球向上翻着。另一个人掏出手机，打电话给急救中心，他气喘吁吁地对接线员说："我的朋友死了！我该怎么办呢？"接线员用平静的声音安慰他说："别紧张，我可以帮助你。首先，我们要确保他已经死了。"沉寂片刻之后，听到一声枪响。电话里又传来那家伙的声音。他说："好吧，现在怎么办？"

我猜你脸上至少有了一丝笑容。那么为什么这很有趣呢？怀斯曼说，这个笑话是综合了所有有趣笑话的核心组成部分的一个典型案例：它让我们感觉自己比其他人优越。这并不是人类最令人钦佩的地方，但是这让我们不得不承认：别人摔倒会比我们自己摔倒更有趣。这个笑话能让我们的自我感觉更好一点。

让我们来测试一下怀斯曼的"笑话实验室"笑话。

让我们试一试

以下是另一个笑话，你认为人们会在怀斯曼的 1—5 笑量表上给它打多少分？

> 一个 60 多岁的男人怀疑他的妻子变聋了，所以他决定测试一下她的听力。他站在她对面的客厅里，问道："你能听到我说话吗？"妻子不回答。他穿过半个房间走向她，问道："你现在能听到我说话吗？"妻子还是不回答。他走过去站在她身边说："你现在能听到我说话吗？"她回答说："这已是第三遍了，我听到了！"

老年人认为这很有趣。年轻人却不喜欢。为什么？怀斯曼说，这是因为它解决了老年人担心的问题：他们的听力。年轻人能听懂这个笑话，他们可能会礼貌地朝你笑一笑、点点头，但他们不会觉得这个笑话有那么好笑，因为他们不担心自己的听力。所以除了优越感之外，焦虑也是解释为什么我们认为有些笑话很有趣而有些则无趣的另一个因素。怀斯曼发现的另一个笑话如下，年轻人（尤其是女性）认为这个笑话很有趣：

> 一个丈夫踩在一个电子秤上，把硬币扔了进去。"听着，"他对妻子说并给她看了一张白色的小卡片，"它说我精力充沛、聪明、足智多谋，是个了不起的人。""是的，"他的妻子点点头，"而且它也把你的体重搞错了。"

所以，你可以看看怀斯曼关于笑话的发现——尤其是关于焦虑的作用——是否正确。你需要的是：

- 一组较年轻（例如，20 多岁和 30 多岁）的被试
- 年龄较大的被试（60 岁以上）

· 前两个笑话

怎么做

第一步：首先记住前面的 2 个笑话。

第二步：给你的年轻被试和老年被试讲笑话。

第三步：每次你讲一个笑话，让每个人都给这个笑话打分，分数范围是 1 ~ 10 分。（我们使用比怀斯曼更大的尺度，只是为了看看我们是否更有可能捕捉到味觉上的细微差别。）

▪ 结 果 ▪

结果听起来很奇怪，但我想你会发现怀斯曼发现了幽默的一个重要组成部分——焦虑。老年人对"耳聋老人"笑话的评分将比"丈夫"笑话高 1 ~ 10 分，年轻人对"丈夫"笑话的评分也会更高。

为什么这个实验这么重要

对于喜剧演员来说，理解为什么有些事情很有趣可能是最重要的（尽管我猜他们更相信自己的直觉而不是科学文献）。但我敢打赌，喜剧演员仅凭"直觉"就知道什么时候应该保持紧张和焦虑。你可能听说过关于如何有效地演讲的建议：了解你的听众。

实验45：一种能更好地识破谎言的方法

➡ "你说谎！"

心理学概念： 测谎

实验名称： 一种创新的和成功的测谎工具：绘图

原创研究者： 阿尔德特·威瑞（Aldert Vrij）、莎朗·莉尔（Sharon Leal）、萨曼莎·曼恩（Samantha Mann）、拉拉·沃梅林克（Lara Warmelink）、帕尔·安德斯·格兰哈格（Par Anders Granhag）和罗纳德·P. 费希尔（Ronald P. Fisher）

假设你是执行任务的特工。你的任务就是从特工 A 处拿起"包裹"并将其送到另一个地点。顺便说一句，你可能会在路上被拦截，如果他们是"坏人"，你就一定要谎报你捡到包裹的位置。

一些研究人员确实知道如何增添乐趣。威瑞和他的同事们就是这样做的，他们研究了一种检测某人是否在说谎的新方法：让他画一张案发时自己在哪里的画。

我们也知道，不管在电影里看到了什么，我们真的没有一个好的测谎系统，也没有所谓的"吐真剂"。有些药物会让你昏昏欲睡，然后变得更容易说话，但你所说的话并不会比你在假设场景的状态下想象出来的更真实。

威瑞和他的同事发现了一种有趣的新方法来检验你是否在说谎———一种

涉及特工、包裹和坏人的方法。让我们看看他们是怎么做的。

原版实验

当你来到"实验室"的时候，你会发现这将是你参与过的最不寻常的心理学实验。

你知道你将被指派一个任务，在一个特定的地点从特工 A 那里接过一个包裹，然后把它送到其他地方。在执行任务期间，你可能会被你所代表的组织或敌对组织的特工拦截。你应该向友军探员透露你的任务的具体细节，而向你的敌军探员透露虚假的细节。

但是你怎么知道谁是朋友谁是敌人呢？当然是通过一个暗号。你把包裹送到后，另一个特工会让你回答一些问题。你要问以下这些这个问题：

"你有时间吗？"

如果探员说："不，对不起，我的表在今天早上 6 点 38 分停了。"

然后你就会知道这个探员是友军。他会问你关于任务的事情，你可以如实地回答他。如果探员的回复与上述内容不同，你就需要谎报实际取包裹的位置和具体时间。

他们会问你几个关于你的任务的问题，其中一个问题是让你画出你取包裹时的位置。那些被要求说谎的人选择了一个沿途的地方，但没有透露下车的确切位置。另一组与威瑞合作的人阅读了每个人对这些问题的回答，并看了这些图。他们没有被告知谁在说谎和谁没有说谎。你猜怎么样？他们正确识别说谎者的概率为 87%。他们是怎么做到的？我们来试一下。

▶ 让我们试一试

你需要的是：

- 4 位朋友（研究员）：你需要 2 名能从开始到结束协助你的被试的助手，其他 2 个人看他们的画，给他们打分，看是否能分辨出谁在说谎、谁在说真话

- 10 ~ 20 名被试

- 5 ~ 10 分钟的路线

- 小包裹，你可以把一个盒子包在纸袋里（并给它加一点重量），这样可以增强戏剧性，但实际上，包裹里装的是什么并不重要

- 空白的纸和铅笔

怎么做

第一步：为你的研究规划一条从起点到另一个地点的路线（校园里的另一个房间，或者某人家里的一个房间或车库）。可以是步行或驾车路线并在路线内设计一些弯道。把你的路线写在纸上给你的被试。

第二步：选择一个中途的地点，在那里会有人等着给你的被试/探员一个包裹。这个地方可能是沿途的任何一个参照物，甚至是一棵树也可以。

第三步：指导你的被试与你见面，无论你决定在哪里开始执行这些"任务"，被试都将需要单独完成任务。

第四步：被试在起点与你会面。你告诉她，她是一名特工，你想让她按照纸上的路线行驶。中途在一个地方停下来，有一个探员会与她碰面并交给她一个包裹。告诉她，她需要拿着包裹，坚持到最后。

第五步：告诉被试，在到达目的地时，她应该把包裹交给等她的人。她应该问这个人："请问现在几点了？"

第六步：如果对方回答："不，对不起，我的手表在今天早上 6 点 38 分停了。"她可以如实回答所有问题。如果对方给出任何其他答案（如实际时间），被试就需要说谎。

第七步：在被试（"特工"）回答完所有问题之后，她可以继续前行。

第八步：在终点的人需要让被试坐下，并且要求她"画出取包裹的位置"。

第九步：待被试把位置画出来之后，把字母 T（代表真相，这些被试得到了"我的表在 6：38 停了"的回复）或 L（代表谎言，就是被反馈实际的时间的那一部分被试，需要在回答问题或者画出位置的时候说谎）标注在画的背面。然后，这个被试的任务就完成了。请每名被试都遵循这个步骤。

第十步：在所有的被试完成这个流程后，收集所有图纸，在右上角给它们编号，并把它们交给你的 2 位评分员。这 2 个人不应该知道"特工"是否必须说谎或基于另一个特工对问题的回答说出真相。

第十一步：每个评分员都应该独自根据每张图纸包含的细节量对其进行评分。每个人都应该在以下内容上面圈出一个数字。

不详细　1　2　3　4　5　6　7　很详细

评分员还应该在他们的另一张纸上注明，这幅画是从"过肩"视角还是从"俯视"的角度画出来的。

▪ 结　果 ▪

你应该可以发现威瑞发现的结果——那些不得不说谎的人给的分数比那些说真话的人的评分要低。此外，威瑞发现"讲真话的人"倾向于采用"过肩"视角画画，而"说谎者"倾向于采用俯视的角度画画。讲真话的人是将答案从他们对自己真实位置的记忆中提取的，所以画里面可以包含很多细节，并且很可能从他们身临其境的视角来描绘场景。说谎者必须编造一些地点，所以画面可能不会包含太多细节，他们更有可能画得好像他们俯视着那个地点。

为什么这个实验这么重要

由于我们用作"测谎仪"的设备和药物有很高的失败率，因此我们需要新的方法。威瑞和同事在这里使用的方法很有意义，也许这将取代或至少充实我们的工具箱，进而帮助我们找出谁在说谎、谁在说真话。

实验 46：你的身体影响你的思维

➡ "哇！这主意真沉重！"

心理学概念： 具身认知

实验名称： 重量作为具身化的重要因素

原创研究者： 尼尔斯·B.乔斯特曼（Nils B. Jostmann）、丹尼尔·拉肯斯（Daniël Lakens）和托马斯·W.舒伯特（Thomas W. Schubert）

科学家们会经常讨论一些问题，有时也会陷入争论。接下来就有一个他们争论的案例：复制我们的研究。科学研究的方法要求一旦你认为自己找到了新的蛛丝马迹，你就应该再做一次研究以确定最终结果。然后，其他研究人员应该复制你的研究，以验证是否能得出同样的结果。问题是，我们在这方面做得远远不够。一些已发表的研究就不经常被复制（复制研究不容易被发表），或者如果有人复制的一项研究的结果与原始研究的结果不符，这项研究就会被束之高阁。然后，没有人会发现那个曾经被公认为很棒的研究其实根本不存在。

让我们先来了解"具身认知"——你的身体可以强烈地影响你的思维——的概念。例如，你在自己的身体前倾的时候会不会比身体后倾时更倾向于思考未来？有些研究人员能找到答案，有些则不能。我必须承认，我自已对其中的一些研究持怀疑态度。简单地操控身体怎么可能对大脑产生强烈的影响呢？

在本节中，我们将讨论一项研究，该研究对身体与精神之间存在强关联的观点提供了支持。而其他 3 个研究并未能找到任何支持，也许你能打破这种僵局。

在著名的电影《回到未来》（*Back to the Future*）中，有一个关于"沉重"这一表达的笑话。马蒂（来自未来）这个角色使用了我们今天所知道的这个表达方式——一个困难或复杂的想法被称为"沉重"。电影中的"博士"这个角色出现在 1955 年，他对"重"这个词的用法并不熟悉，他想知道为什么未来的东西会这么重以及地球引力是否出现了问题。

我们在日常生活中经常使用"重"和"轻"（例如"他是轻量级"）等隐喻。但是，当你在填写一份关于一个重要话题的调查问卷时，你的观点是否可能被你手中的笔记板的重量所左右呢？

原版实验

乔斯特曼、拉肯斯和舒伯特进行了一项相当直接的研究。他们提出了一些问题，并让学生评价这个问题的重要性。例如，学生被问及在大学决策过程中学生群体拥有发言权有多重要。学生们在校园里行走的时候被拦了下来，他们被要求在填写问卷的时候拿着一个笔记板。研究人员预计，如果你拿着一块重的笔记板（约 1 039 克），你会认为这个问题比拿着一块轻的笔记板（约 500 克）更重要（1 ~ 7 分制）。这就是他们所发现的——重笔记板的平均值为 5.27 分，而轻笔记板的平均值为 4.21 分。

他们在其他议题上（例如，他们对这个城市的满意度、生活质量以及他们对市长的满意度）也发现了类似的结果。

这个想法有一定的道理，但是其他 4 名研究人员尝试使用了这个方法后没有发现笔记板重量会对研究产生任何影响。你需要如何复制这一实验呢？

▶▶ 让我们试一试

这些是你需要的：

- 轻笔记板
- 重笔记板
- 铅笔
- 4 个问题，每个问题下面都有 1—7 分（1 = 不重要；7 = 非常重要）的选项
- 大约 30 名被试

对于笔记板的重量问题，乔斯特曼找到了一个很好的解决方法：只使用一个带有存储空间的笔记板。为了使它"很重"，他们在存储空间里装满了纸。实验过程中，你完全可以使用相同的笔记板，这样你就不会在"轻"和"重"的条件下使用不同颜色的笔记板。

怎么做

第一步：你需要为调研设计一些问题。你必须选择开放式的话题，或者可以有多个不同观点的话题。记住，人们对这个话题的看法（赞成还是反对）并不重要。我们只是想看看他们是否认为这个问题很重要。

第二步：试着问大约 30 位被试——15 位在问卷笔记板的存储空间空的时候回答问题，15 位在笔记板的存储空间满的时候回答问题。

▪结　果▪

由于这个话题充满了争论，我真的不知道事情会如何发展。乔斯特曼认为你会发现他所发现的结果，但是很多其他研究人员没有发现同样的结果。

为什么这个实验这么重要

如果乔斯特曼是对的，你就需要考虑一下它的含义：如果你想让调查对象认真对待一个问题，就把问题呈现在一个沉重的笔记板上！对于政客和营销人员来说，这是一个多么简单的策略啊！还是说这只是在浪费时间？乔斯特曼的发现令人惊讶且带有一点趣味，所以它得到了一些报刊的头条报道，现在很多人认为他的研究结果是正确的。而 4 个没有发现相同结果的实验完全没有被报道。请记住，当一位研究人员像乔斯特曼一样发现"在统计学上有意义的"结果时，这仅仅意味着他发现的是一个不太可能发生的事物，但它仍然可能是偶然发生的。真正能使我们对结论充满信心的唯一方式是一遍又一遍地重复研究，每次都得到相似的结果，这就是本书的意义所在。

实验47：工作满意的缘由

➡ **"接受这份工作以及……"**

心理学概念： 工作满意度与动机的双因素理论

实验名称： 你如何激励员工

原创研究者： 弗雷德里克·赫茨伯格（Frederick Herzberg）

复制研究者： J. 理查德·哈克曼（J. Richard Hackman）和格莱戈·R. 奥海姆（Greg R. Oldham）

在众多的心理学家中，有一些人不做心理治疗。事实上，他们被称为"工业与组织心理学家"，他们其实根本没有接受过心理治疗方面的培训。他们接受的训练可以让他们去帮助管理者找出领导和激励员工的方法、帮助员工提高生产效率，以及从众多求职者中挑选出最优秀的人。

如果你仔细阅读企业的工作要求，我敢打赌你会发现"高度自我激励"这个词会包含在企业希望员工所具备的品质的清单中。激励员工——或者找出他们没有动力的原因——是一项艰巨的工作。很多员工一开始很有动力，但随着时间的推移，他们就失去了这种品质。为什么？到底是什么原因导致有些人工作非常努力，而有些人却截然相反？赫茨伯格想知道答案。

┌──────────────┐
│ **原版实验** │
└──────────────┘

赫茨伯格的方法相当直截了当，他问人们，是什么让他们感到有动力和快乐，又是什么让他们在工作中有事与愿违的感觉。他把人们的答案分为他所说的"保健因素"和"激励因素"，具体如下所示。

保健因素

- 你的薪水
- 你和老板的关系
- 你和同事的关系
- 工作提供给你的地位
- 工作保障

激励因素

- 得到认可
- 实现成就
- 具有责任心
- 获得发展的机会
- 工作本身是令人愉快的

请注意，保健因素都源自你周围的环境，它们与他人或工作的安排有关；而激励因素更多的是内在的，它们能让人获得一种成就感和成长感。

赫茨伯格的结论是，保健因素和激励因素都较低的工作会导致员工的动力较小、工作满意度较低。但这里有一个转折：如果一份工作有良好的工作保障和丰厚的薪水，而且你和同事关系良好（几乎满足所有的保健因素），你会快乐吗？答案是并不会。赫茨伯格认为，虽然拥有这些是件好事，但它们最多只能防止你不开心。想想看：如果你的工作有很好的保障，你会为它高兴得跳起来吗？如果你的薪水不错，你可能会为此高兴一小段时间，但几年后还不错的工资收入会让你习以为常（我们称之为"习惯化"），积极的影响也会逐渐褪去。

赫茨伯格认为，要想在工作中获得真正的快乐，唯一的方法就是找到一份能够提供激励因素的工作：愉快的工作、认可和成长的机会。

并不是所有人都认为赫茨伯格的理论是最好的。正如你现在可能看到的一样，当事情出错时，我们都有一种倾向，那就是责备别人，当事情进展得顺利时，我们就会邀功（这就是"自我服务偏差"）。赫茨伯格的受访对象可能已经做了很多这样的事情，当你看到这些"保健因素"和"激励因素"时，你会觉得似曾相识。让我们看看你会发现什么。

▶ 让我们试一试

复制赫茨伯格的研究并不需要太多的设备。

这就是你所需要的：

- 约 30 名被试
- 为每一位被试准备一张纸

怎么做

第一步： 你需要和曾经工作过的人谈谈，问问他们有哪些因素会让他们在工作中感到快乐，又有哪些因素让他们感到不快乐。

第二步： 为每名被试准备一张纸。在每张纸的中间画一条分界线，把"快乐"写在左边，把"不快乐"写在右边。你不需要记录被试说了什么或他们写下的每个单词，你只需要在每一栏中，写下他们在谈论对工作满意或不满意时提到的单词或短语。

J. 理查德·哈克曼和格莱戈·R. 奥海姆也研究了工作满意度和工作

动机的问题。他们知道赫茨伯格的这种方法虽然揭示了一些好的信息，但也有其局限性。他们的研究表明，还有其他微妙的并且很重要的因素，如每天的工作是否存在多样性、人们是否认为工作是重要的、他们是否可以自主地做出任何决定，以及人们是否认为他们有经验并可以从头到尾完全负责一个项目或任务等因素都对工作有影响。问你的被试这些因素对他们来说是否重要。

▪ 结　果 ▪

在你和大约 30 个人进行谈话以后，拿出你的所有笔记，做我们所说的"内容分析"。与统计分析不同，内容分析要求你仔细阅读笔记，寻找主题和重复的短语。你可能会得出赫茨伯格发现的结果：人们喜欢的工作是那些他们觉得具有挑战性且自身的投入受到尊重的工作。面试官认为应聘者不喜欢的工作可能与不喜欢他们的老板或薪水低有关。

看看哈克曼和奥海姆提到的一些因素：多样性、重要性、成就和自主性。人们可能不会在一开始就提起这些因素，但经过一系列沟通和观察之后，你可能会发现它们是真实存在的。

为什么这个实验这么重要

我们大多数人都想做自己喜欢并有动力去做的工作。简单地评选某人为"月度最佳员工"并不能解决问题。但是，管理者究竟应该做些什么才能让工作更"富足"呢？赫茨伯格、哈克曼和奥海姆所做的研究为我们提供了非常具体的建议。并不是所有的工作都可以变得非常有趣，但是所有的工作都可以被重新设计，进而让员工在完成工作时感到更有趣。

实验48：心理助推器

➡ "我绝不会上当的！"

心理学概念：说服、个人传奇、多巴胺、额叶

实验名称：驱除无坚不摧的幻想：对说服的抵抗动机和机制

原创研究者：布拉德·J. 塞加林（Brad J. Sagarin）、罗伯特·B. 西奥迪尼（Robert B. Cialdini）、威廉·E. 赖斯（William E. Rice）和谢尔曼·B. 塞尔纳（Sherman B. Serna）

青少年具有心理学家所说的"个人神化"倾向。也就是说，他们认为自己是特别的，而且不好的事不会发生在他们身上。这就是为什么许多青少年会冒一些不必要的风险行事。其他原因还包括，当处于青春期这个年龄阶段的个体勇于冒险（例如，超速开车）并侥幸脱离危险时，其大脑中的神经递质多巴胺的短暂释放所带来的回报是非常强大的。成年人会忘记青少年时期产生的积极（和消极）情绪会对自己产生过多么强大的影响。此外，大脑的额叶——为你做所有复杂思考的部分——在青少年时期还没有发育完全。

广告商非常清楚这些事实，并借此吸引青少年购买商品。罗伯特·B. 西奥迪尼每天都在努力让我们意识到自己是如何被说服的，他指出了广告商使用的6种策略：

1. 一致性	4. 稀缺性
2. 喜好	5. 社会认同
3. 权威	6. 互惠

我们将关注权威和稀缺性。这项研究借用了医学领域的一个观点：确保你不会感染天花的一种方法是给你注射含有少量天花的疫苗。你的体内系统可以成功地对抗这一小部分病毒，最终你会对天花产生免疫力。

我们可不可以用同样的手段使你对各种有说服力的广告产生"免疫"？让我们来找找答案吧！

原版实验

塞加林和他的同事们知道，仅仅告诉人们这些说服策略和它们的工作原理是不足以削弱它们对我们的影响力的。他们为被试创造了一种小的"体验"，让他们看到自己在面对这些策略时是多么脆弱。这段经历包括给他们看一个广告，其中有一位名人［他们用的是阿诺德·施瓦辛格（Arnold Schwarzenegger）］，而广告里的人并不是互联网电视方面的专家。一些被试看着这则广告，写下他们对广告的想法，包括他们认为广告是多么有说服力等。最终的结论就是，这是一个很有说服力的广告。研究人员随后向他们展示了他们是如何受到"权威人物"（施瓦辛格）的影响的。"权威人物"可能在某些事情上是权威（例如，举重）的，但在网络电视领域可能不是。他的意见在这里应该占多大分量？学生们一旦反思自己是如何被愚弄的，就会相信在广告中使用权威人物的效应是不容忽视的。

他们已经接种了"疫苗"，然后它奏效了。当他们看到另一个同样使用权威人物的广告时，他们与那些没有看过施瓦辛格的广告的被试相比起了更大的疑心。他们也比那些只是被告知"广告商如何利用在该产品领域并非权威的知名人士"的被试更抗拒被说服。

让我们来看看我们是否能给人们"注射疫苗"以对抗具有说服力的广告。

▶ 让我们试一试

当人们认为某种产品很稀缺或者可能不会持续被售卖太久时，他们也会很容易被说服。例如，"这次销售明天就结束了！"所以，让我们给其中一组被试"接种疫苗"，而无须给另外一组被试"接种"，然后看看他们中是否有人陷入了虚假的稀缺性的陷阱。以下是你需要准备的：

- 2 组被试
- 你的被试可能有兴趣购买 2 种产品。看看你是否能找到他们尚未拥有的有趣产品。例如，形状像鼓槌的铅笔（这样你就可以一边思考一边敲打桌子），通过蓝牙连接手机的时尚耳机，或者用稀有而漂亮的木头做的"笔筒"等
- 每个产品的广告
- 书写工具

怎么做

第一步：在你把这些广告打印出来让你的被试看之前，在广告的顶部找一个空白处，在那里写一些文字来暗示产品或价格的稀缺性。其中一个广告强调价格的稀缺性："只能以这个价格售卖一小段时间！"或者"明天促销即将结束！"在另一则广告中，强调产品本身的稀缺性："这些产品限量 50 个，现在只剩下最后 5 个！"

第二步：在纸的最底部的空白处，输入这个问题和评分：

这个广告有多大说服力？

完全没有说服力　1　2　3　4　5　6　7　8　9　10　非常有说服力

第三步：选择一个广告（强调价格稀缺性）作为广告 A，另一个广告（强调产品稀缺性）作为广告 B。

第四步：只打印半数左右的广告 B。

A 组：接种组

第一步：给被试展示广告 B（产品稀缺）。

第二步：让他们仔细看，然后在问题下方圈出一个答案。他们可能会选择 6 或更大的数。

第三步：在他们做出决定之后，和他们谈谈稀缺策略，以及广告商是如何利用稀缺性来让他们行动起来的。通常这种"稀缺性"是虚假的：公司可以很容易地生产更多的产品（尤其是像一首歌或电子书这样的数字产品）。这种被广告愚弄的经历，以及你对稀缺性的讨论，就是你接种疫苗的过程。

第四步：现在向被试展示广告 A（价格稀缺）。

第五步：像之前一样，让他们仔细看广告，然后圈出一个数字作为答案。

第六步：针对这些被试的研究到此结束，当然，你可以自由地和他们谈论广告，以及广告是如何利用稀缺效应的（公司可以很轻易地延长以该价格售卖商品的时间）。

B 组：对照组

第一步：给这组展示广告 A（价格稀缺）。

第二步：让他们圈出一个数字作为答案。

第三步：这就是这组人需要完成的全部内容，当你告诉他们你在这个实验中看重什么时，你可以自由地和他们谈论稀缺策略。

▪ 结 果 ▪

你的 B 组被试可能会给广告 A 中所示的产品一个较高的评分（7 ～ 10 分）。你的 A 组被试可能会给广告 A 中的产品一个较低的评分。这是因为他们不仅学会了稀缺性是如何起作用的，还亲身经历过，他们意识到自己也会受到稀缺性的影响。

为什么这个实验这么重要

商家每天都在试图影响你的个人生活。你需要知道这些策略是什么，以及如何不受它们的影响。问自己几个问题：这种产品真的稀缺吗？推广该产品的权威人士真的是这类产品的专家吗？当然，如果你从事广告或市场营销方面的工作，你可能会在工作中尝试使用这些策略。让我们希冀你能以一种合乎道德的方式使用这些策略吧！

实验49：感知远远超出我们的视觉体验

➡ "创造你自己的幻想吧！"

心理学概念： 视错觉

实验名称： 以眼球运动及眼动跟踪技术减少缪勒－莱尔错觉

原创研究者： 克拉克·伯恩汉姆（Clarke Burnham）

除了猫的照片以外，视错觉的照片也是网友们的最爱。我们喜欢看那些根本不可能存在的东西的图片，例如，M.C.埃舍尔（M.C.Escher）创作的那些照片。他创造了很多建筑的图片，这些建筑中有无尽的楼梯，除此之外他的作品还有"手画手"等。只要搜索他的名字你就能看到很多例子。

当然，心理学家也对这些图像感兴趣。我们为什么会被戏弄？多年来我们所了解到的是，我们的大脑在理解我们眼睛接收到的信号方面非常投入。但是当我们知道一个图像是平面图的时候，我们怎么才能看到其深度？为什么我们知道线条是直的，看到的却是弯的？显然，我们并没有看清我们面前到底是什么。也许最著名的视觉错觉是 1889 年弗朗茨·缪勒 - 莱尔（Franz

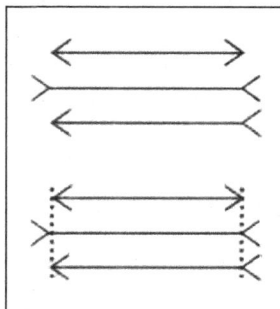

Muller-Lyer）创造的（见上图）。

　　我们很难判断出这些线的长度是完全相同的。我们的眼睛被线上两端的分支所吸引。伯恩汉姆以及许多其他研究人员也试图找出我们如何才能减轻这种错觉的影响。让我们看看他们做了什么，然后让我们创造我们自己的视觉错觉，看看它们对人有什么影响。

原版实验

　　伯恩汉姆想知道缪勒 – 莱尔效应是否能被减弱。也就是说，如果你从不同的角度看这 3 条线，你会发现它们的长度很接近。我们经常用"眼跳"模式来观察周围的事物。这意味着你的眼睛从一个地方"跳"到另一个地方。这发生在你阅读的时候，例如，当你的眼睛从一个单词跳到另一个单词的时候，但当你检查一幅画的时候也会发生同样的情况，尤其是在快速眼动睡眠阶段（REM）；当你的眼睛来回跳动时，你会发现这种现象。

　　伯恩汉姆准备了一些非常复杂的设备。

　　这项研究是在一个不透光的房间里进行的，箭头是由发光涂料制成的。每个箭头的两个角度分别约为 0.6 厘米宽和 4.4 厘米长，与水平方向呈 30 度角。错觉的标准部分位于左侧，由内指向线组成，从一个顶点到另一个顶点的距离约为 17.5 厘米。在 3 个装置的顶点各有一个灯泡。用于跟踪的设备由一个可移动的灯泡连接到设备后面的轨道上。这个灯泡是由一个马达和滑轮装置从一个顶点移动到另一个顶点的，并且在整个过程中都是清晰可见的。

　　我们可能会以这些错觉为乐，但这些研究人员会非常认真地对待他们的工作。伯恩汉姆发现，看出这 3 条是同等长度的线条的唯一途径就是使用眼睛跟踪设备——当你上下打量整条线时，确保视线非常稳定的工具。因为我们通常不会用这种设备进行观察，所以很难避免产生这种错觉。

我敢打赌你没有伯恩汉姆描述的那种设备。但是没关系，仍然有一些方法可以帮助我们对视觉错觉进行少量的实验。让我们来看看怎么做吧！

▷ 让我们试一试

像埃舍尔这样能画出令人惊叹的视幻觉图像的人显然需要超长的绘画能力。我猜你也许没有那种天赋，所以让我们用一些常规的设备来画缪勒 – 莱尔错觉图像。

你将需要：

- 铅笔
- 量角器
- 白纸
- 缪勒 – 莱尔错觉

怎么做

你可以在 2 组人身上做这个小实验，或者让同一组人同时完成下面的 A 组和 B 组测试。

A 组

第一步：在一张纸上画一条约 15 厘米长的直线。让人们在它的正中央画一个点。这应该不会太难，也不需要花费太长时间，而且大多数人应该能够快速地在中间找到一个位置。

B 组

第一步：再画一条约 15 厘米长的线，但这次在两边都画上分支，这样看起来就像一个典型的缪勒－莱尔图。有 3 种方法可以加上这些分支：

1. 直线两端各画一个箭头；

2. 一端是箭头，另一端是"尾巴"；

3. 线的两端都是"尾巴"。

画出以上 3 种类型的直线。如果你想更精确地画出图像，那么水平线和分支之间的夹角应呈 30 度。

第二步：让人们在每条直线的正中间画一个点。

▪ 结　果 ▪

你会发现，当缪勒－莱尔的分支出现时，你的被试将花费更长的时间来找到水平线的中心点。你在一端有箭头另一端有尾巴的直线上画的中点可能更接近你画箭头的直线的末端。我们的眼睛会被箭头吸引，而且很难抗拒这种吸引力。对于另外 2 条线，你的被试可能会说，"哇！这很难"。事实的确如此。我们的眼睛会被不同的方向所吸引，那些"分支"的影响是令人难以抗拒的。

为什么这个实验这么重要

除了会在社交网络上吸引人的眼球外，这些错觉还提醒我们，我们最终用眼睛"看到"的是真实存在的东西和我们认为应该存在的东西的混合体。我们的大脑对我们"应该"看到的东西的感知会受到我们过去对现实世界中存在的实物的看法，以及我们的认知的影响。

实验 50：智能手机——它们会破坏或改善我们的生活体验吗

➡ **"不要动！让我先拍张照！"**

心理学概念： 参与感 / 幸福感

实验名称： 摄影如何使我们体验到更多乐趣

原创研究者： 克里斯汀·迪尔（Kristin Diehl）、加尔·佐伯曼（Gal Zauberman），以及亚历山德拉·巴拉施（Alixandra Barasch）

一些音乐会和餐馆禁止人们在演出或晚餐期间使用智能手机。你是否曾经有过将手机暂时上交的经历？因为有一种在活动过程当中频频拍照会减少体验的乐趣的说法。研究人员对此进行了研究。一百年前，研究人员痴迷于探究视觉错觉。今天，我们自然想知道无处不在的手机及其内置摄像头对我们的生活究竟有哪些影响。

关于为什么手机如此使人上瘾，我们有一些好主意。以下是一些例子。

多样化奖励： 正如斯金纳很久以前就告诉我们的那样，一些对我们的行为影响最大的因素是意想不到的奖励。斯金纳向我们展示了奖励的不确定性是导致赌博成瘾的原因，你的手机也一样。每隔一段时间，它就会"叮叮"作响，或者发出一些其他的声音，你永远不知道这个信号什么时候会为自己带来奖励，因此这很难抗拒。

多巴胺与青少年大脑：成年人的手机也会有消息提示音，但他们不会像青少年那样觉得有必要立即查看手机。为什么？因为在奖励面前神经递质多巴胺的释放会对青少年产生非常强大的影响。但对成年人就不一样了。这就是为什么成年人不能理解"电话的吸引力"。

谜团：智能手机让我们进入了一个充满信息和刺激的世界。一些谜题和我们难以抗拒的问题仍待解决。人类喜欢未知。

那你手机上的摄像头呢？使用它会降低你对当前经历的享受程度吗？迪尔和她的同事想要找出答案。

原版实验

一些研究人员玩得很开心。迪尔的研究实际上包含了 9 个小研究。研究人员让被试乘坐公共汽车（真实的和虚拟的），在餐馆给被试提供晚餐，并让他们参与一个工艺品项目。最后一个是我们要做的，它会给我们带来很多乐趣。

想象一下，你去参加心理学研究，有人告诉你，你要么用威化饼干做一个埃菲尔铁塔的复制品，要么用意大利面和棉花糖做一个与埃菲尔铁塔全然不同的铁塔。这就是我所做的那种研究。

不过，迪尔和她的同事们有个小窍门：一些普通被试（"观察者"）在用智能手机拍照的时候，只看别人搭建这座塔；而其他被试（"建设者"）在拍照时实际建造了这座塔。

这里也有一组被试，他们需要观察而且不可以拍照，而那些建设者也被要求不可以拍照。是的，这个研究需要很多个组，这是一个雄心勃勃的研究。每个人都填写了一份调查问卷，以表明这段经历对他们来说有多少吸引力。所以他们发现了什么呢？以下是他们发现的一些细节。

毋庸置疑，如果在观察搭建建筑物的过程中拍照会让你觉得很有趣，但不会让你觉得被深深吸引。毕竟，你只是在观察。

然而，观察和拍照要比只是站在那里看更有吸引力。

如果你是一名建筑工人，在搭建建筑物的时候你也必须拍照，你就会发现自己对这项工作变得没有之前那么投入了。

然而，尽管那些被告知要拍照的建筑工人们会因不得不拍照而分心，但他们会发现这项活动对他们来说和那些不需要拍照的建筑工人们一样吸引人。

结果：当你积极参与某项活动时拍照并不会降低你对该活动的投入度。

让我们买些威化饼干来做这个实验吧！

▶ 让我们试一试

这项研究有很多个小组。让我们直接复制研究中人们建造埃菲尔铁塔的那一部分，一些人被要求边搭建铁塔边拍照，另一些人被要求不要使用他们的手机拍照。这样我们就能知道使用手机拍照是否真的会减少你的乐趣。你需要的是：

- 很多威化饼干
- 所有被试都需要拥有内置摄像头的手机，你将把被试分成 2 组，一组被允许使用手机拍照，另一组不被允许使用手机拍照
- 有桌子的大房间
- 活动结束后，请每位被试填写一张问卷

怎么做

第一步：显然，用威化饼干制作埃菲尔铁塔是很常见的。若想知道

你具体需要怎么做的话，可以在网上搜索这句话："怎样用威化饼干制作埃菲尔铁塔。"你会发现很多具体的说明。你还需要为你的被试把说明打印出来。

第二步：你要让你的所有不需要拍照的被试在一个大房间里同时参与实验。你还需要告诉他们如何搭建一个铁塔，并要求他们不要拍照，即使他们想这样做。

第三步：在每个人都完成任务后（迪尔给了被试大约 12 分钟的时间），把以下调查问卷单独地打印在一张纸上。

你有多享受这种工艺体验？

一点也不享受　　1　2　3　4　5　6　7　　非常享受

你觉得自己在多大程度上融入了这次的工艺体验？

0　10　20　30　40　50　60　70　80　90　100

感觉自己根本没有融入其中　　　感觉自己完全融入其中

你觉得自己在多大程度上沉浸在了本次工艺体验中？

完全没有　　1　2　3　4　5　6　7　　完全沉浸其中

第四步：在被试圈出这些问题的答案后，记住告诉他们整个研究是关于什么的。此外，不要忘记在每份调查问卷后面都写上一个"编码"，这样你日后就可以判断每个人属于哪个组（也许可以用"NP"代表不允许拍照的人，"P"代表允许拍照的人）。

第五步："不拍照"组的被试离开后，把你的所有"拍照"组被试都带到同一间小屋子里，按照前一组人走的同样的流程进行实验，只是你要告诉他们在搭建铁塔后要拍照。

▪ 结 果 ▪

如果迪尔是正确的（那么许多成年人是错误的），你应该能发现这两组的结果没有差异。有趣的是，那些被允许拍照的人是否会觉得这种体验没有那么身临其境呢？记住，迪尔的研究还没有被复制（你可能是第一个），所以我们不知道当其他研究人员这样做时，结果会如何。

为什么这个实验这么重要

用智能手机拍照仍然非常流行，每个人都喜欢这样做。如今，智能手机已经成为每个人生活的一部分，不管我们喜欢与否。所以，我们需要弄清楚手机对我们生活的影响。毫无疑问，我们知道边开车边发短信是很危险的，但我们能不能肯定在一个活动中拍照会让我们失去乐趣呢？所有与手机有关的问题仍有待查证。

版权声明